60分でわかる！ THE BEGINNER'S GUIDE TO FINANCIAL TECHNOLOGY

FinTech
フィンテック
最前線

FinTechビジネス研究会 著

技術評論社

JN216885

Contents

Chapter 1
今さら聞けない！　FinTechの基本

001	FinTechは「Finance」と「Technology」の融合	8
002	フィンテックはなぜ誕生したのか?	10
003	フィンテックが急速に発展した3つの理由	12
004	フィンテックを構成する7つのサービス	14
005	フィンテックを担うスタートアップ企業	16
006	フィンテックのキーとなる3つの業界	18
007	フィンテックは従来の金融機関の脅威なのか?	20
008	フィンテックが消費者に与える影響は?	22
009	日本におけるフィンテックの現状は?	24
010	日本でフィンテックが広がらない理由	26
Column	フィンテックの起源は海底ケーブルだった!?	28

Chapter 2
今すぐ知りたい！　FinTechサービス

011	新しい決済サービスが爆発的に普及し始めた	30
012	小規模店舗でも低コストでカード決済を導入できる	32
013	P2P送金が低手数料での海外送金を実現する	34
014	P2Pレンディングが貸し手と借り手をピンポイントでつなぐ	36
015	無担保融資の審査が6分で完了	38
016	資金調達のあり方を変えるクラウドファンディング	40

017	クラウド会計で経理処理を効率化	42
018	AIがポートフォリオを作成するロボアドバイザー	44
019	お釣りを自動で積み立て投資	46
020	PFMで家計の動きを一元管理	48
021	スマートフォン上に預金口座を集約する	50
022	仮想通貨の9割を占めるビットコイン	52
023	P2Pで維持されるビットコインのしくみ	54
024	ビットコインを生み出すデータマイニング	56
025	ビットコインを支えるブロックチェーンとは？	58
Column	保険業界のフィンテック「InsTech」インステックの胎動	60

Chapter 3
そうだったのか！ FinTechを支える技術

026	フィンテックを支える7つの技術	62
027	モバイル端末の普及がフィンテックを生んだ	64
028	モバイル端末に個人情報が集約される時代	66
029	クラウドが金融ビジネス参入のハードルを引き下げた	68
030	ビッグデータに集積される膨大な情報	70
031	ビッグデータの分析が新たな融資や投資を生む	72
032	急速に人間に近づくAIの進化	74
033	AIが融資の可否を判断する	76
034	ロボアドバイザーが担う2つの役割	78
035	AIによる超高速「株取引」の脅威	80

036	フィンテック企業と金融機関をつなぐAPI	82
037	銀行APIの公開がフィンテックを加速させる	84
038	フィンテック普及に欠かせない生体認証技術	86
039	UXがフィンテックサービスの成否を決定する	88
Column	AIが金融機関のオペレータを担う「みずほ銀行 ワトソン」	90

Chapter 4
今すぐ始めよう！ FinTech導入事例

040	会社や店舗でフィンテック決済を導入するには？	92
041	フィンテック決済のメリットを知る	94
042	フィンテック決済に必要なコストを知る	96
043	今すぐ導入できる決済サービス4選	98
044	会社でフィンテック融資を受けるには？	100
045	フィンテック融資のメリットを知る	102
046	今すぐ活用できる融資サービス4選	104
047	会社で会計サービスを導入するには？	106
048	クラウド会計のメリットを知る	108
049	今すぐ導入できる会計サービス5選	110
050	個人の資産運用にフィンテックを活用するには？	112
051	フィンテック資産運用のメリットを知る	114
052	今すぐ利用できる資産運用サービス5選	116
053	個人の家計をフィンテックで管理するには？	118

054	フィンテック家計簿のメリットを知る	120
055	今すぐ利用できる家計簿サービス5選	122
056	個人で仮想通貨を購入・取引するには?	124
057	今すぐ利用できるビットコイン事業者3選	126
Column	ビットコイン決済を店舗に導入する	128

Chapter 5
広がる可能性! FinTechの未来

058	フィンテックによって多様化する金融サービス	130
059	フィンテック企業に対する投資が急増している	132
060	金融機関とベンチャーの橋渡しを担うITベンダー	134
061	日本の金融機関もフィンテックへの取り組みを強化	136
062	大手金融機関とフィンテックベンチャーとの協業が始まる	138
063	銀行法改正で日本のフィンテックは変わるのか?	140
064	みずほとソフトバンクがレンディングサービスを開始	142
065	ソフトバンクが提供する個人向け投資管理サービス「One Tap BUY」	144
066	邦銀初!みずほ銀行が銀行APIを提供	146
067	フィンテックに特化した楽天の投資部門「Rakuten FinTech Fund」	148
068	3大メガバンクによるブロックチェーンの実証実験	150
069	FinTechの未来はどうなるのか?	152
	FinTech関連企業リスト	154
	索引	158

■『ご注意』ご購入・ご利用の前に必ずお読みください

　本書に記載された内容は、情報の提供のみを目的としています。したがって、本書を参考にした運用は、必ずご自身の責任と判断において行ってください。本書の情報に基づいた運用の結果、想定した通りの成果が得られなかったり、損害が発生しても弊社および著者はいかなる責任も負いません。

　本書に記載されている情報は、特に断りがない限り、2017年3月時点での情報に基づいています。ご利用時には変更されている場合がありますので、ご注意ください。

　本書は、著作権法上の保護を受けています。本書の一部あるいは全部について、いかなる方法においても無断で複写、複製することは禁じられています。

　本文中に記載されている会社名、製品名などは、すべて関係各社の商標または登録商標、商品名です。なお、本文中には™マーク、®マークは記載しておりません。

Chapter 1

今さら聞けない！FinTechの基本

001
FinTechは「Finance」と「Technology」の融合

多様化する金融ITサービス

　さまざまなメディアで「**FinTech（以下フィンテック）**」という言葉に触れる機会が増えました。「FinTech」は、金融を示す「Finance」とテクノロジー（IT技術）を示す「Technology」からなる造語で、「**IT技術を駆使した金融サービス**」ともいえます。

　しかし、"IT×金融"は特筆するほど新しいものではありません。ATMでのお金の出し入れやクレジットカードの利用など、すでに私たちの生活にIT技術による金融サービスは定着しています。また、IT技術は、膨大なお金の動きの把握・管理の効率化に欠かせない技術ですから、金融業界はほかの分野よりも早く積極的に導入してきました。では、なぜ今フィンテックなのでしょうか？

　それは、銀行や証券会社など既存の金融機関とはまったく別の流れで、斬新な金融ITサービスが登場しているからです。つまり、フィンテックは、広義では「**金融ITサービスの多様化**」を示す言葉でもあります。そして、この"多様化"を促しているのがベンチャーやテクノロジー系企業であり、既存のサービスや金融機関に多大なインパクトを与えているのです。そのインパクト、そして引き起こされるイノベーションはときに破壊的ともいわれていて、新しく生み出された数々のサービスの中には、「金融機関をおびやかす」とされているものもあります。IT技術が浸透した現代、そしてさらなる発展が予想される次世代。金融業界は今、フィンテックによって大きな変革期を迎えているのです。

フィンテックは金融とITの融合

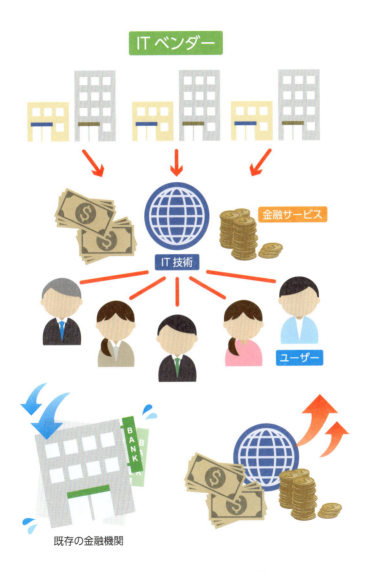

▲金融業界に突如登場したフィンテック。既存の金融機関の脅威となっている。

002

フィンテックはなぜ誕生したのか？

世界的金融危機から生まれたフィンテック企業

　フィンテックは、「**金融業界の低迷**」と「**IT業界の勃興**」の2つの要素が合わさり誕生したとされています。フィンテック誕生のきっかけは、リーマン・ショックが勃発した2008年に遡ります。先行きの見えない金融業界の低迷と一部の銀行が行った厳しい立て直し策に対し、業界人、消費者は不安・不満を覚え、「新しい金融業界・サービスが創出されることを願った」のです。当時の人材流出は激しかったようで、リーマン・ショック後、多くの人が金融業界を去ったといいます。

　そして、彼らが向かったのが急成長を遂げていた当時のIT業界であり、その聖地であるシリコンバレーでした。新たな金融ITの基盤ができ上がり、シリコンバレーにはフィンテック企業群が形成されていったといいます。そうして、先述の消費者ニーズにビジネスチャンスを確信したフィンテック企業は、高い技術を武器に斬新な金融サービスを次々に生み出していきました。そのサービスの波及とともに、フィンテック自体もバズワードとして広まったのでした。

　世界での普及を見てみると、欧州へは2013年頃、アジアへは2014年頃に広まっていきました。日本は2015年頃からとされていて、海外に数年遅れて注目されるようになりました[※]。そして今、欧州とアジアは活況で、投資内訳では世界市場の6割を占めています。

※日本銀行決済機構局　審議役　FinTechセンター長　岩下直行氏「フィンテックによる金融革新とその影響について」
https://www.boj.or.jp/announcements/release_2016/rel160902b.pdf

フィンテック誕生・トレンドの流れ

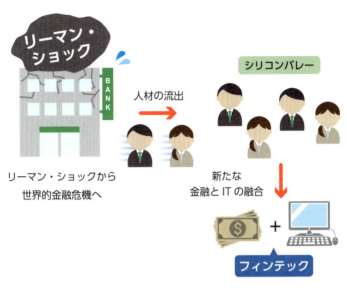

▲リーマン・ショック後、金融業界の人材がITの聖地へと流出したことがきっかけとなり、フィンテックが誕生したといわれている。その後フィンテックは世界へと広がりを見せている。

003
フィンテックが急速に発展した3つの理由

フィンテックを押し上げた複合的な要素

　フィンテックが急速に発展し、世界的なトレンドとなり得たその理由は、「サービスの斬新さ」のみではありません。「既存金融機関のサービス力の低下」、「IT技術の発展」、「消費者ニーズの変化」といった複合的な要素がありました。

　既存金融機関のサービス力低下は、リーマン・ショックで広がった金融機関と消費者の間の大きな溝から、消費者が既存サービスではない金融サービスを求めたことが起因となりました。

　また、フィンテックがその存在感をあらわにするためには、IT技術の発展が欠かせませんでした。その1つが**スマートフォンの普及**です。端末の爆発的な普及、高い携帯性と通信技術の向上により、消費者はさまざまなサービスをスマートフォンから受けられるようになりました。また一方で、コンピューターの演算能力の飛躍的向上により、企業が**消費者の利用状況や購買傾向、SNSなどのログをデータとして蓄積・解析**できるようになり、それぞれに適した金融サービスを提供できる環境が整っていきました。

　加えて、最初からデジタルが身近なミレニアル世代の人々がアメリカの人口の3分の1を占めたことも忘れてはいけません。「あらゆるサービスをデジタルで」、という意識を持つ彼らにとっては、既存の銀行より、日々接しているAmazonやGoogle、Apple、そしてリーマン・ショック以前からのフィンテック企業であるPayPalなどのサービスに魅力を感じていたのです。このような背景が下支えとなり、フィンテックは瞬く間に世界に浸透していきました。

さまざまな背景から急速な発展へ

▲ニーズやIT技術の飛躍がフィンテックを支えている。また、ミレニアル世代を魅了したのも大きな要因の1つだ。

004

フィンテックを構成する7つのサービス

あらゆる金融サービスが揃うフィンテック

　フィンテックのサービスは、「決済」「送金」「融資」「財務管理」「資産運用」「家計」「仮想通貨」の7つのカテゴリに分けられます。

　「決済」は主にカード決済分野のサービスです。スマートフォンなどを用いたカード不要の決済「非接触決済」や、指紋などで決済が可能な「生体認証」、金額のチャージで決済を行える「独自プラットフォーム」などがあります。また、店舗側の決済サービスとしては、スマートフォンにカードリーダーを装着するだけで決済機能を持たせる「モバイルPOS」もあります。「送金」はテクノロジーを活用した送金サービスで、SNS認証で銀行口座番号を使わず送金を行えたり、金融機関を介さないことで、安価な手数料を実現するサービスがあります。

　「融資」では銀行などの仲介業者を通さず、個人や企業と投資家を直接結び付け、低金利での融資を受けられます。「財務管理」では、複数の銀行口座やクレジットカード情報を専用アプリで一元化することができます。「資産運用」はAIを活用した新しい資産運用サービスで、個人投資家に適した投資プランのアドバイスを自動で受けることができ、運用もしてくれます。「家計」では、銀行口座などの情報を家計簿に自動で反映してくれるとともに、日々のレシートもスマートフォンのカメラからデータ化することが可能です。

　「仮想通貨」は、ビットコインのような実体のない電子マネーの決済システムで、そのコア技術である「ブロックチェーン」はフィンテックの中核を担う技術としても注目を集めています。

フィンテックのサービスカテゴリ

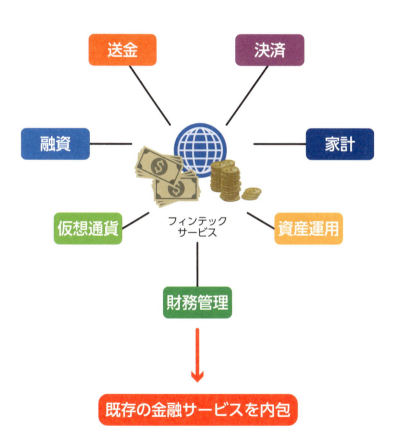

▲フィンテックはあらゆる既存の金融サービスを内包しており、各分野で画期的なサービスが登場している。

005

フィンテックを担う
スタートアップ企業

スタートアップが躍進する新金融サービス

　ここでは、フィンテックサービスを提供するベンチャー企業やテクノロジー系企業を、金融業界における「スタートアップ企業」として、その特徴を紹介していきましょう。

　IT金融サービスは通常、大手ITベンダーが開発し、各大手金融機関が提供するものでした。しかしフィンテックでは、サービス開発も提供もスタートアップ企業が行っています。その中には、起業して間もない企業、起業前の個人、ほかに専業を持つ企業などが含まれます。この点が従来のIT金融サービスと大きく違うところであり、俯瞰すればフィンテックは、**高いIT技術を持ち金融の知見を持つ新興企業が提供するサービス**といえます。「センサー技術の進展」や「通信技術の高速化および大容量化」、「クラウド技術の発展」、「ビッグデータ解析技術」、「AI技術の浸透」といった近年のIT技術発展の動向に目を光らせ、活用してきたスタートアップ企業にとって、フィンテックは参入障壁の低い分野ともいえそうです。

　加えて、スタートアップ企業は「どう金融サービスを使いやすくするか？」、といった消費者目線でサービス開発を行う点も見逃せません。大手企業のリソースに対抗する手立てとしてIT技術を活用し、消費者に新しい価値を提供するベンチャー業界同様、スタートアップ企業は既存の金融サービスに対するイノベーションを目指しています。つまり、斬新なだけではなく、消費者にとって便利なサービスがフィンテックであり、既存金融機関にとっては思いもよらなかった存在がスタートアップ企業なのです。

既存金融機関のライバルとして登場

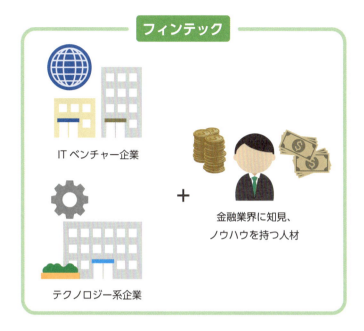

独自のサービスモデルが徐々に金融機関の脅威に

▲金融業界に登場したスタートアップ企業が、既存の金融機関のライバルとして急成長している。

006
フィンテックのキーとなる3つの業界

盛り上がるフィンテック市場のプレーヤーたち

　前節では、スタートアップ企業を解説しましたが、ここではフィンテック市場に関わる**「既存金融機関」**、**「ITベンダー」**、**「行政」**それぞれの動向を見ていきましょう。

　まず金融機関はスタートアップ企業と競合しつつも、自らの事業を成長させる有望株として認識し、各機関がオープンイノベーションを進めています。たとえばアメリカの大手銀行「ウェルズ・ファーゴ」は、スタートアップ企業などとの連携を促し、従来のビジネスモデルを検討するR&D部門を設立。イギリスの大手銀行「バークレイズ」は、スタートアップ企業を育成する「アクセレータ・プログラム」を運用しています。また、各金融機関は投資にも積極的で、フィンテック市場には近年莫大な投資額がつぎ込まれています。

　事業シナジーがあるITベンダー界隈でも、Google VenturesやIntel capitalなど、多くのCVCがフィンテック関連のスタートアップ企業に投資を行っています。コンサルティング企業のアクセンチュアが行った「グローバルにおけるフィンテック投資額」の調査では、2016年の第1四半期のみで53億ドルに上るそうです。

　行政の動向としてわかりやすいのが、世界経済の中心地・ロンドンを首都に持つイギリスです。政府主導でフィンテックの促進に取り組み、世界から注目を集めています。現在推進させている「Regulatory sandbox」というプロジェクトは、大きな将来性を持つフィンテックサービスの創出を目的とし、スタートアップ企業が現行法の制約を受けずにサービス実験を行える環境が整備されています。

世界で注目を集め格好の投資対象に

投資

フィンテック

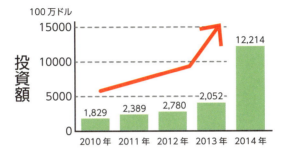

100万ドル

投資額

参考：アクセンチュア（2015）
「the Future of fintech and Banking :Digitally disrupted or remagined?」

『Regulatory sandbox』
官民でフィンテック・イノベーションを
推進する政府主導プロジェクト

FCA
（金融行為規制機構）

スタートアップ企業

革新的なサービスの市場化
資金調達のスムーズ化
市場投下までの時間および潜在的コスト削減

イノベーション促進

▲ 金融機関、ITベンダーなどの投資により、フィンテック市場は急激に拡大している。また、イギリス政府が主導する推進プロジェクトへも注目が集まる。

007
フィンテックは従来の金融機関の脅威なのか?

既存金融機関を破壊するイノベーション

　近年、フィンテック関連のスタートアップ企業を、既存の金融機関は明らかな脅威として認識しています。その理由は2つあります。1つは、**「顧客の流出」**です。銀行などを仲介業者としないマーケットプレイス融資、またECパッケージベンダーが提供する決済インフラといった魅力的なサービスの登場により、消費者の間では「金融サービスは金融機関が提供するもの」といった固定観念が崩れ、フィンテックサービスの利用が増えています。つまり、顧客流出に伴う収入減が進行しているのです。

　そしてもう1つは、**「利益率の減少」**です。フィンテックサービスが多くの消費者を魅了する理由として、「金利の低さ」や「手数料の安さ」があります。これらの判断基準はもちろん、従来の金融サービスとの比較にありますから、価格競争が顕在化し、金融機関の利益率に影響を与えているのです。

　このように、既存の金融機関の領域を侵食し拡大してきたのが、これまでのフィンテックの歴史といえます。アメリカの大手銀行・JPモルガンチェースのジェイミー・ダイモンCEOは「今後の我々のライバルはGoogleやFacebookになる」と発言し、また、巨大コンサルティングファーム・マッキンゼーは「フィンテックにより、既存金融機関のリテール部門の収益は大きな損失をこうむる」と2015年に公表しています。しかし一方で、金融機関がフィンテックに取り組む動きも昨今進んでいて、いわゆる協業のような、新たな金融のエコシステムが誕生する可能性も示唆されています。

金融機関の脅威ともなるフィンテック

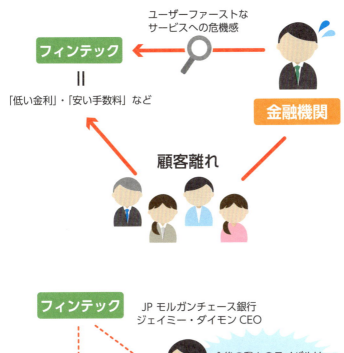

▲フィンテックの台頭に、金融機関は危機感を持っている。

008
フィンテックが消費者に与える影響は？

生活の中の金融はすでに変わりつつある

　フィンテックを含めた"テック"がつくサービス分野は数多くあり、それぞれ各分野でインパクトを与えてきました。そして、フィンテックもまた Uber（ウーバー）や Airbnb（エアービーアンドビー）のように、消費者のライフスタイルを根底から変えようとしています。

　フィンテックの普及によってもっとも大きな変化が予想されるのが、**「カード」や「現金」の不要化**です。スマートフォンがあれば、金融機関のカードや現金を持たなくてもショッピングが楽しめます。インターネット市場が急拡大しているアフリカ諸国は、世界有数のフィンテックユーザーを抱えています。既存金融機関のサービスも存在していますが、銀行口座やクレジットカードを所有する人が非常に少なく、爆発的に普及しているスマートフォンから金融サービスを利用できるフィンテックはアフリカの人々に大きなインパクトを与えました。事実、アフリカでは 1.83 億人がすでにモバイルウォレットユーザーで、2021 年までにはアフリカ諸国のすべての人々が利用するようになるといった予測もあります[※]。

　また、イギリスでは国民の約 4 割が最新テクノロジーの金融サービス以外は利用しないとし、その 2 割は Google や Facebook など、ライフツールとなっている Web サービスから利用できるフィンテックを望んでいるとのことです。ここから考えれば、消費者にとっての従来のお金や金融のカタチが消えつつあるということができるでしょう。

※Tim Carter「How Fintech Can Disrupt Africa's Cash-Based Economy（TechCrunch）」
https://techcrunch.com/2015/06/07/how-fintech-can-disrupt-africas-cash-based-economy/

すでにフィンテックは現金やカードの代わりとなっている

▲カード決済など既存のサービスが普及しておらず、現金の扱いが不便なアフリカ諸国では、多くの国民にフィンテックサービスが受け入れられている。

世界のフィンテック動向

アフリカ諸国

1.83億人がモバイルウォレットユーザー
2021年までには国民すべてがユーザーに！？

イギリス

国民の約4割はフィンテック以外は利用しないと回答
Googleなどから利用できる金融サービスを希望

▲海外では、すでにフィンテックは金融の基本的なインフラになる勢いで拡大し、またそれを国民も望んでいる。

009
日本における フィンテックの現状は?

なかなか"火がつかない"日本の現状

　前節では、世界におけるフィンテックの浸透度と期待度について触れましたが、今後、日本国内で普及を進めるためにはいくつかの課題があります。ここでは国内市場の現状を見ていきましょう。

　まず、フィンテックの7つのカテゴリ、「決済」「送金」「融資」「財務管理」「資産運用」「家計」「仮想通貨」でいえば、すでに一通りの分野でサービスが提供されています。また、総じて50社ほどのフィンテック企業が存在しているとされています。しかし海外では日本のメガバンクの資産に匹敵するような時価総額を見せるフィンテック企業が存在する一方、**国内企業はそれほど成長していないのが現状**です。この状況に金融庁は懸念を示し、「フィンテック・ベンチャーに関する有識者会議」を設置。第1回を2016年5月に開催しました。そこで浮き彫りになったのが、「グローバル性を持つフィンテック企業が少なく、国際的ネットワークづくりや連携が弱い」、「学問・技術人材のコミュニティと金融・ビジネス人材のコミュニティの関係が未成熟」、「フィンテックベンチャーを目指す起業家が限定的」、「アイデアや技術をビジネスに落とし込めるエコシステムが形成されていない」といった問題点でした。

　一方、国は同時期にフィンテックサービスを促進させるため、銀行からIT企業への出資率の緩和や仮想通貨の法規制などを盛り込んだ**「改正銀行法」を成立**させています。今後、国内フィンテック市場の時流が変わっていく可能性も多分にあるといえるでしょう。

規模の桁が違う海外フィンテック企業

海外には、国内メガバンクに匹敵する巨大なフィンテック企業も

国内メガバンク　　　　　　PayPal
時価総額 約6兆円　　　　時価総額 約5兆円

日本には、

・フィンテックサービスのほとんどがある
・提供フィンテック企業は約50社ある

しかし、

Japanese FinTech の課題

『グローバルで通用するサービス、コネクションがない』
『フィンテックを事業として起業する事業者が限定的』
『産学連携、事業を育てる環境が希薄』

▲金融ニーズはすでに変革されているにも関わらず、成長の鈍い国内版フィンテック。未来はいかに?

010
日本でフィンテックが広がらない理由

求められるガラパゴス化の打破とエコシステムの創出

　アメリカでフィンテックが一大トレンドになり得たのは、いくつかの社会的な背景が大きいと、Sec.003で紹介しました。同様の背景を持たない我が国において、フィンテックの普及は茨の道なのかもしれません。現在、魅力的な内容を持つフィンテックサービスは日本にも数多く存在しています。しかし、**金融インフラがしっかりと整い"円"に対する国民の信用が固く**、かつ他国に比べ**カード決済がそれほど普及していない**日本で、フィンテックの恩恵を実感するのはまだ難しいことといえます。

　また、普及の大きな壁となっているのが、規制の多さです。アメリカでは、1999年に制定されたGLB（グラム・リーチ・ブライリー）法の結果、金融業界への参入、金利や手数料の自由化が進みましたが、日本では依然として旧体制のままで、**金融サービスにはさまざまな制約が課せられています**。スタートアップ企業がその制約の中で画期的なサービスを打ち立てるというのは、至難の技です。さらに、海外ではスタートアップ企業と既存金融機関が提携してフィンテックサービスを提供する、オープンイノベーションの環境がすでに構築されています。しかし日本では、金融機関大手と設立間もないスタートアップ企業が提携してサービスを開発・提供するといった事例はまだ数少なく、スムーズに提供できる環境もありません。

　これら「ガラパゴス化的課題」がクリアされ、サービスの開発・提供に注力できるエコシステムが創出されないことには、国内フィンテック分野の成長と興隆はやってこないのかもしれません。

国内フィンテックが本格的普及に至らない理由は?

盤石な金融インフラ

国民の円への信頼は厚く、また、既存金融機関への不信感も極めて少ない

カード普及率の低さ

クレジットカードなどの普及率が海外に比べて低い。現金主義傾向が強い

↓

フィンテックへのニーズは足踏み

法律による制約が
フィンテックの行き先を阻む

▲日本の金融インフラの盤石さは世界有数といえる。だがそれが災いし、フィンテックの普及を遅らせている。また、法整備の動きも本格化していない。

Column

フィンテックの起源は
海底ケーブルだった!?

　今や「金融業界における破壊的イノベーション」ともいわれ、既存金融機関の脅威と考えられているフィンテックですが、もともと金融業界の仕事は、自動化や効率化を実現できるIT技術と切っても切れない関係でした。

　歴史を紐解けば、金融業務の電子化は1800年代からすでに行われてきました。1851年にイギリス政府が敷設したドーバー海峡の海底ケーブルは、同年にロイター通信によりヨーロッパ各地へ株価情報を届けるために用いられました。つまり、フィンテックの起源を遡れば、海底ケーブルを使った通信技術に通ずるともいえるのです。また、コンピューターについては1950年代から使用されていて、他業種に先駆けて普及したのが金融業界でした。

　このように海底ケーブルからコンピューター、そしてATMなど、テクノロジーを駆使して業務システムやサービスを進化させてきた金融業界ですが、フィンテックにおいてもその進化を見て取ることができます。フィンテックには「FinTech1.0」、「FinTech2.0」といった区分があり、1.0は「既存の金融サービスのIT化」、2.0は「モバイル端末からのサービス利用」を指しています。現在はFinTech2.0にあたりますが、APIやAI、ビッグデータなどと本格的に連携したサービスの登場による「FinTech3.0」の到来が期待されています。

Chapter 2

今すぐ知りたい！FinTechサービス

011
新しい決済サービスが爆発的に普及し始めた

スマートフォン×決済サービスが業界を席巻

　本章では、フィンテックのさまざまなサービス事例を見ていきましょう。私たちの生活に身近な金融といえば「決済」ですが、フィンテックにおいてこの分野を開拓したのが、アメリカ発のオンライン決済サービス **PayPal**（ペイパル）です。創業は1998年で、フィンテックの先駆者的な存在として知られており、現在では世界で2億人以上もの人が利用しています。

　PayPalの最大の特徴は、「手軽」であり、「安全」に決済を行えることです。カード情報や個人情報を入力して、PayPalアカウントを取得すれば、**オンライン上に銀行口座のような窓口を持つことができ、そこから決済を行えます**。つまり、ショッピングなどで決済を行うたびにカード情報を知らせる必要はなく、PayPal上でやり取りができるので手軽かつ安全なのです。また海外では、PayPalを使った送金や入金、引き出しなども行うことができます。いわば、インターネット上に"自分のサイフ"を持つことができるサービスといってもよいかもしれません。

　このようなオンライン決済サービスには、iPhone 7から日本でも導入されたAppleの「Apple Pay」や、SNSで絶大な浸透を見せるLINEの「LINE Pay」などさまざまあります。注目すべきは、それぞれのサービス提供会社が金融機関ではないこと。そして、いずれのサービスも、スマートフォンから利用できることです。とくにスマートフォンから決済ができることは重要で、これがフィンテックの決済サービスが浸透した大きな理由の1つでもあります。

決済のたびにカード情報を知らせる必要はない!

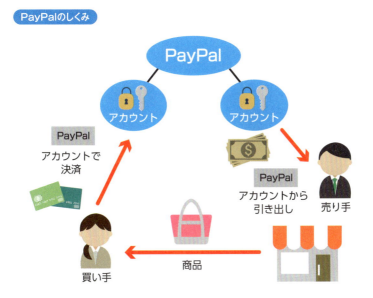

▲アカウント上で決済を行うモバイル決済サービスが登場し、業界を席巻している。

012
小規模店舗でも低コストでカード決済を導入できる

小売業に向けた決済ソリューション

　世界のモバイル決済サービスのなかでとくに注目を集めているのが、**Square**(スクエア)です。小売業などを対象にしたBtoBのフィンテックで、**スマートフォンやタブレットに専用の「Squareリーダー」を接続するだけで、カード決済対応が可能**になります。店舗にカード決済を導入するには、従来は"CAT"と呼ばれるカード決済専用の端末が必要でしたが、導入の手間やコストがかかりました。しかし、Squareリーダーはカード決済ごとの手数料が発生するのみで、ほぼノーコストで導入が可能です。また、「Squareレジ」という無料アプリを併用すれば、「最短翌営業日入金」や「指でのサイン」、「デジタルレシート」といった機能も利用できます。さらに、iPadをレジに変える「Squareスタンド」、オンラインで請求書を送付できる「Squareインボイス」など、さまざまなサービスや拡張オプションが用意されていて、小規模店舗でも手軽に、かつ充実した決済環境を実現できます。

　Squareの創業者は、Twitterの共同創業者兼会長であるジャック・ドーシーです。SNSサービスの創始者が金融サービスを提供するというのは非常にユニークですが、ここにフィンテックが金融業界を席巻するポイントがあるのかもしれません。

　Squareは日本での評価も高く、現在、飲食店やアパレルショップを中心に10万件以上の店舗が導入しているといわれています。また、国内には「Coiney」というサービスもあり(Sec.043参照)、今後日本のモバイル決済市場も勢い付いていくことが予想されます。

小売店のカード決済インフラに変革を起こすSquare

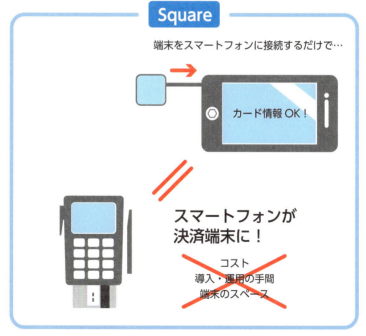

▲クレジットカード決済対応か否かは小売業にとっての課題であった。Squareは決済時の手数料とコストが安く、気軽に導入できる。

013
P2P送金が低手数料での海外送金を実現する

銀行を介さず海外送金が可能に

インターネットのしくみの1つに、「P2P(ピア・ツー・ピア)」というものがあります。P2Pとは、サーバーを介さずコンピューターとコンピューターを直接つなぐしくみで、ユーザーどうしの直接通信を可能にするものです。実は、SkypeやTwitterなどのサービスに活用されていて、私たちにとって非常に身近な技術といえます。そして、フィンテックにおいても、このP2Pを活用した送金サービスが注目を集めています。

TransferWise(トランスファーワイズ)は、圧倒的に**コストの低い海外送金**を実現したフィンテックです。手数料を従来の数分の1に圧縮しています。また、送金に数日を要する従来のサービスに比べて、24時間以内にオンライン入金が完結できるのも非常に魅力的です。

そのしくみは、金融の"マッチングサービス"といえるものです。仮に、アメリカへ送金したい日本のAさんと、日本へ送金したいアメリカのBさんがいたとしましょう。金額はどちらも5万円です。ここでTransferWiseが行うのが、「Aさんの5万円をBさんの送金先」へ、「Bさんの5万円をAさんの送金先へ」送ること、つまり、**似た状況のユーザーを見つけ、海外送金を国内で完結させる**ことで為替手数料をゼロにし、手数料を抑えているのです。TransferWiseは、日本では2016年3月からβ版が利用できます。また、創業約5年の企業ですが、今や38を数える通貨で55カ国に送金可能なほどに成長し、ユーザー数は世界で100万人以上を誇っています。

画期的な海外送金サービスを実現したTransferWise

従来の海外送金

TransferWiseでの海外送金

▲従来の海外送金は複数の銀行を経由するため手数料も時間もかかったが、TransferWiseでは似た送金ユーザーを見つけることで、海外送金を国内送金にチェンジする。

014

P2Pレンディングが貸し手と借り手をピンポイントでつなぐ

ITを活用した新しい融資のカタチ

前節では、TransferWiseをマッチングサービスにたとえましたが、世界最大の"P2Pレンディング"と称されるアメリカのLendingClub（レンディングクラブ）もまた、P2Pのしくみを活用した「融資」におけるマッチングサービスといえます。

P2Pレンディングは、「お金を貸したい個人と借りたい個人をインターネット上でつなげる」サービスのことです。その貸し手・借り手には、企業や個人投資家、ファンドなども含まれます。P2Pレンディングはクラウドファンディングの一形態として認知されていて、**貸し手の間では高い利回りを得られる投資対象**になっています。一方の**借り手である個人や企業にとっても、銀行や消費者金融などよりも低金利でお金が借りられる**というメリットがあり、小規模融資を受けられる新しい場所として注目を集めています。

LendingClubのサービスモデルでは、借り手が融資を受けた際の借入金利は平均して14.8％です。クレジットカードでお金を借りたときの平均的なアメリカの金利はおよそ22％ですから、非常に低い金利で返済することができます。一方、貸し手がLendingClubで出資した際の利子は8.6％です。銀行預金の利子の相場は0.06％といわれていますので、こちらも非常に魅力的です。つまり、貸し手・借り手ともにメリットのあるサービスなのです。

P2Pレンディングは現在、大きな注目を集め、世界で活況です。日本にも「maneo」などのサービスがあります（Sec.046参照）。

融資のあり方を変えたLendingClubのサービス

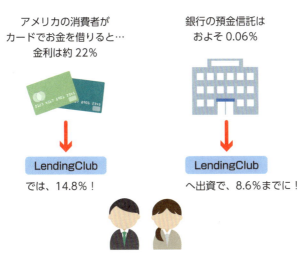

▲LendingClubは、銀行を介さずにユーザーどうしをつなげることで融資や投資を行う新しいサービスだ。

015

無担保融資の審査が6分で完了

AIが顧客の融資可否を判断

　フィンテックは、これまで常識だった融資での審査にもイノベーションを起こしています。中小企業向けの融資サービス**Kabbage**（カーベッジ）は、**審査結果を平均6分で顧客に知らせ、さらに無担保で融資を行う革新的なサービスを提供**しています。これまでの融資であれば、書類の提出が必要で、審査が出るまで日数もかかりましたが、その常識が塗り替えられようとしているのです。

　それでは、なぜ無担保で、迅速な審査を行うことができるのでしょうか？　そのしくみは、外部サービスのデータ収集・分析にあります。オンラインでのKabbageの融資申込み欄には、銀行口座はもとより、クラウド会計サービスやクレジットカード決済サービス、SNSなど、顧客が使用しているそれぞれのサービスのアカウントを登録する手続きが設けられています。それらのデータを同社のアルゴリズムが分析し、顧客信用度を判断しています。この一連の流れは、人が介在していない**AIを活用したディープラーニングによる作業**であり、だからこそ結果まで6分という驚異的なスピードを実現しているのです。

　Kabbageの設立は2009年ですが、わずか7年後の2015年には融資総額が10億ドルに上り、135百万ドルという資金調達を果たしてユニコーン企業の仲間入りをしています。リーマン・ショックが起こり、銀行の貸し渋りが進むなかで誕生した同社の軌跡を踏まえれば、時代の流れを的確に読み、顧客ニーズを捉えて成長してきたフィンテック企業の典型といえるでしょう。

中小企業の信用度合いはSNSが証明する!?

▲Kabbageの審査は、クラウド会計サービスやクレジットカード決済サービスなど各種サービス情報がカギを握る。融資可否の判断は人ではなくAIが行い、わずか6分という短時間で完了する。

016
資金調達のあり方を変える クラウドファンディング

ビジネスチャンスが眠るクラウドファンディング

　フィンテックサービスの1つ、クラウドファンディングは、近年のベンチャーの勃興を支えるエコシステムの一端を担ってきました。起業やスケールアップを目指す個人・事業者にとって欠かせない資金調達を手軽に行え、かつ投資家にとっても未知の投資先と出会えるクラウドファンディングは、まさに画期的なプラットフォームといえます。資金調達は従来、金融機関、親族・知人、ベンチャーキャピタルから出資を募る方法がスタンダードでしたが、いずれも不特定多数の出資者とコミットできるわけではありませんでした。それが、**クラウドファンディングでは、自分のアイデアや製品をオンライン上に掲載するだけで、さまざまな出資者からの資金調達の可能性を持つ**ことができるのです。

　クラウドファンディングの草分け的存在が、アメリカで2009年に設立された**Kickstarter**（キックスターター）です。大型出資が集まるクラウドファンディングとして知られ、これまでの出資金の累計はおよそ3,180億円（1ドル110円換算）。2015年に成立したスマートウォッチ開発プロジェクト「Pebble Time」には、およそ24億5,000万円もの出資が集まったといいます。

　このKickstarterのように、出資者が出資の"見返り"として製品やサービスを受け取るタイプのクラウドファンディングを「報酬型」といいます。そのほか、NPOの活動や地方創生プロジェクトなどを支援する「寄付型」、出資者に金銭的リターンがある「投資型」などのタイプがあり、それぞれに適した方法を選択することができます。

まだ見ぬ投資対象に出会えるクラウドファンディング

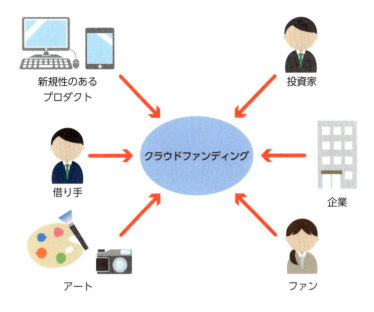

業界のフロントランナー Kickstarter は…

資金調達額累計
約 3,180 億円
総プロジェクト数
120,000 以上

を記録している

▲クラウドファンディングでは不特定多数の人から出資を得られる可能性がある。

017

クラウド会計で経理処理を効率化

クラウドで経理業務もスムーズに

　日本でも「freee（フリー）」、「MF会計」、「Moneytree（マネーツリー）」といったクラウド会計サービスが広く浸透し始めていることからもわかるように、フィンテックの会計分野が起こすイノベーションは世界に波及しています。

　海外で"会計業界のApple"と呼ばれ注目を集めるのが、ニュージーランド発の **Xero**（ゼロ）です。中小企業を対象としたクラウド会計サービスを提供するスタートアップ企業で、経理業務の効率化を実現させるそのサービス内容は、世界のユーザーを魅了しています。

　従来、経理業務に求められるのは、会社の口座取引情報の収集と会計ソフトへの入力作業、そして、データをもとに売掛・買掛を整理し、表示される残高と口座残高を照合することでした。しかし、会社の取引は日々行われるわけですから、いくら作業を行っても労力とコストが減るということはありませんでした。Xeroが提供する「バンクフィード機能」は、金融機関との連携により、従来の**「取引情報の収集とデータの反映」、「表示残高と口座残高との照合」を自動**で行ってくれます。また、複数の通貨にも対応して、PayPalやクラウド型顧客管理サービスのSalesforce（セールスフォース）など、他サービスとの連携も可能となっています。さらに、誰が見ても直感的に把握しやすいチャートやグラフなど、デザインも非常にこだわったつくりになっています。

クラウド会計の「Xero」が存在感をあらわにしている

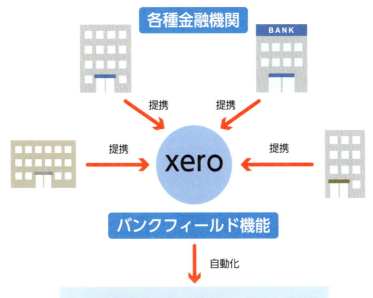

● Xero
(https://www.xero.com/)

▲世界で普及が進んでいるクラウド会計サービスの中でも存在感をあらわにしているのがXeroだ。金融機関との連携により口座取引情報の収集などを自動で行い、データを反映してくれる「バンクフィールド」という機能が搭載されている。

018

AIがポートフォリオを作成するロボアドバイザー

これからは資産運用もAIに任せる時代

　テクノロジーと金融の融合、それを体現できるフィンテックサービスが**「ロボアドバイザー」**です。ロボアドバイザーとは、資産運用をAIが自動でサポートしてくれるサービスで、投資先進国アメリカでは広く普及し、すでに複数のロボアドバイザー企業が存在しています。その中でもっとも注目を集めているスタートアップ企業最大手がWealthfront（ウェルスフロント）です。

　Wealthfrontには「定期的なリバランス」、「非課税枠の活用提案」、「インデックスファンドによる長期運用」などの機能があり、Wealthfrontでの口座開設時に、年齢や収入や投資リスクなどのアンケートに回答すると、自動でユーザーのリスクを判断しETF（上場投資信託）の国際分散投資のポートフォリオを作成。申請すれば、ETFの自動買い付けも行ってくれます。また、低コストも魅力的で、1万ドルまでのロボアドバイザー活用の手数料は無料、以降は投資額に応じて0.25％の手数料が発生するしくみです。

　Wealthfrontがアメリカで注目を集めているように、日本国内でもロボアドバイザーの期待値は大きく、株式会社お金のデザインの「THEO（テオ）」やみずほ銀行の「SMART FOLIO（スマートフォリオ）」といったロボアドバイザーサービスも登場しています（Sec.052参照）。ユーザーにとってメリットのある投資・資産運用法は、"感情に流されない"ことだという説があります。そう考えると、ロボアドバイザーはこれからの資産運用の基盤ツールとなっていくのかもしれません。

スマートフォンで資産運用「ロボットアドバイザー」

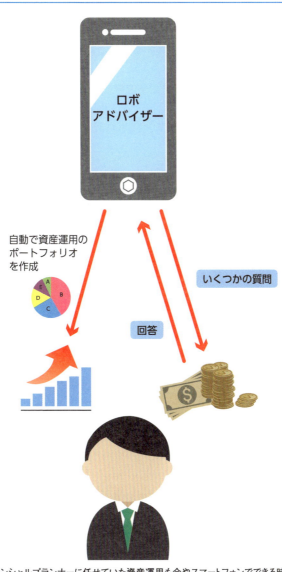

▲ファイナンシャルプランナーに任せていた資産運用も今やスマートフォンでできる時代。しかも、自動で管理、運用までしてくれるのがロボアドバイザーだ。

019

お釣りを自動で積み立て投資

知らない間にお金を貯めて資産運用

　日本語で"どんぐり"という意味を持つ、アメリカのスタートアップ企業 Acorns（エイコーンズ）のサービスは、非常にユニークです。専用アプリにクレジットカードやデビットカードの情報を登録しておきショッピングをすると、**購入代金の端数が投資信託の積立金となり、自動で投資**をしてくれます。少々乱暴にいえば、カードでショッピングをするだけで投資や資産運用ができる、それが Acorns なのです。

　たとえば、99.63 ドルの商品をカードで買う場合、口座から引き落とされるのは 100 ドル。つまり、商品代金と一緒に引き落とされた 1 ドル未満のお釣り 0.37 ドルが積立金となります。そうして、ショッピングごとにプールされた金額が 5 ドル以上になると投資可能になります。投資先の選定は 6 段階のリスクの設定から自動で割り出されたポートフォリオから行え、かつ運用中にも変更することが可能です。もちろん、お金はいつでも Acorns から引き出すことができます。また、コストも月額 1 ドル、手数料は投資額の 0.25 パーセントから 0.5 パーセントと安いのも魅力的です。投資や資産運用については、興味のある人やプレーヤーでなければ、複雑で面倒というイメージがありますが、その意識を覆してくれるサービスといえるでしょう。

　Acorns がサービスアプリをローンチしたのは 2014 年 8 月のことです。そこから機を待たずして火がつき、2 ヶ月後には総額約 10 億円、2015 年には約 27 億円もの資金調達に成功しています。

お釣りの積み立てで資産運用が可能なAcorns

▲カードでショッピングをするだけで、自動で投資金を積み立てることができる画期的なサービスだ。初心者には手間がかかり、知識が必要だった投資がAcornsによりぐっと身近になった。

020

PFMで家計の動きを一元管理

家計簿はブラウザで確認する時代

「お金にまつわる管理をサポート」する、いわば"家計簿"のような役割をするフィンテックを、総称して **PFM（Personal Financial Management）サービス**と呼びます。この分野は日本でも活況で、「マネーフォワード」や「Moneytree」といった人気のサービスがあります（Sec.055参照）。2000年代初頭、フィンテックがトレンドになる以前から大手銀行によってPFMが提供されていたアメリカで、PFMスタートアップ企業の草分け的な存在として知られるのが **Mint**（ミント）です。

銀行やカードなど複数の口座情報を入力しておけば、Mintのサービス画面で一元管理することができます。貯蓄目標を設定しておけば、達成までの変動を一目で確認でき、残高が足りなくなればアラートで知らせてくれます。また、ユーザーの支払実績を分析し、おすすめのカード会社を教えてくれるといった機能も搭載されています。利用は無料であり、ユーザーがMintを介して新しいカード会社などのサービスを利用したときに、各金融機関から収入を得るビジネスモデルとなっています。

2006年に開始されたサービスですが、口座を一元化できる手軽さと充実したサービス内容で数多くのユーザーを魅了し、破竹の勢いで成長。2009年にはクラウド会計サービスのINTUITに1.7億ドルで買収され話題を呼びました。アメリカでは同様の口座集約（アカウント・アグリケーション）PFMサービスを提供するスタートアップ企業が続々と登場し、市場は賑わいを見せています。

家計の全情報を一元化し管理ができるPFMサービス

PFM ="次世代の家計簿"

スマートフォンでらくらく管理
残高の確認も一目瞭然

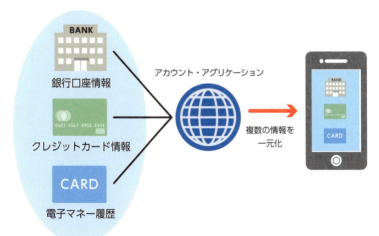

▲PFMの発場により、口座情報やレシートを管理でき、家計簿が手軽に付けられるようになった。IT技術を駆使したアカウント・アグリケーションは、PFMのコア技術となっている。

021
スマートフォン上に預金口座を集約する

預金口座の新しいカタチ

　アメリカにはBtoCからBtoBまで、非常に多彩でユニークなフィンテックサービスがあります。その1つが、2012年から提供が始まった**Simple**（シンプル）です。

　Simpleは、銀行の代理を行うスマートフォン向けアプリのサービスで、**ユーザーが所有するさまざまな口座をひとまとめ**にしてくれます。Simpleのサービスは、ユーザーがVISAカードを作成するところから始まります。手続きが終わると、バンコープ銀行に普通預金口座が開設され、それまで利用していた他行の全預金を無料で移行でき、スマートフォンからの確認が可能になります。預金を移行する際にはカード情報も引き継がれ、所有しているクレジットカードやデビットカード、プリペイドカードなどもSimpleの口座で利用できます。また、預金状況を自動で計算して支出管理から貯蓄をサポートしてくれる「目標額設定機能」も搭載しています。たとえば「今月はあといくらまで支出可能」といったことをスマートフォンに自動で表示してくれるので、ユーザーはお金のことを考えずにショッピングを楽しめ、節約の意識も持つことができます。

　スマートフォンがあれば、通帳確認の手間が省け、節約もサポートしてくれるSimpleは、まさにフィンテックならではのサービスといえるでしょう。アプリ導入からカード発行、口座開設まで手数料が無料といった点も、非常に魅力的です。Simpleを介して提携先のバンコープ銀行とVISAは、従来は獲得しにくい層の顧客を獲得することができ、つながりを持てるようになったのです。

新しい預金口座サービスでらくらく支払い

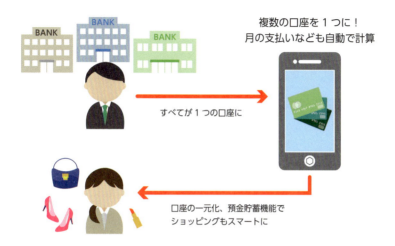

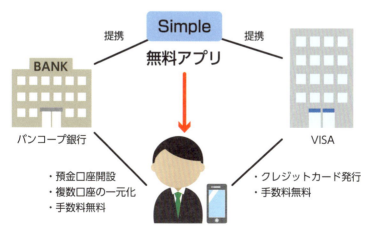

▲Simpleと提携することで、銀行とカード会社は顧客と接点を持てる。一方のユーザーは、口座、カードの手数料が無料といったメリットを受けられる。

022
仮想通貨の9割を占める
ビットコイン

革新的な電子マネー決済システムの登場

　仮想通貨というとまず思い描くのが、**ビットコイン**だと思います。しかし、仮想通貨＝ビットコインというわけではなく、もっとも有名な仮想通貨であり、そもそもの発祥となった仮想通貨がビットコインだということです。その歴史を紐解くと、2008年に投稿された論文に遡ります。Satoshi Nakamoto（サトシ・ナカモト）という人物が発表した『Bitcoin:A peer-to-peer Electronic Cash System』には、P2Pのしくみと暗号化技術の組み合わせにより、既存の通貨のしくみではない電子マネーの発行が可能といった内容が書かれており、この論文を読んだ多くの研究者が触発されました。そこから実現に向けたプロジェクトが進み、**2009年にビットコインが発行**されたわけです。

　現実の商品購入に使われたのは、2010年、Laszlo Hanyecztというアメリカのプログラマが2枚のピザを購入するためにビットコインを使用したのが世界初となりました。その後、ビットコインが一般に注目されたのが、**2013年に起こったキプロスの経済危機**です。

　政府の施策により、銀行からの預金の引き出しが大幅に抑制されたギリシャ国民は、窮地に陥りました。その対策として取られたのが、所有するビットコインを現金に換えることでした。そこから、どの国のどんな状況にも影響を受けることなく現金に換えられるという事実が広く伝わり、今日の浸透に至りました。近年のビットコインの平均取引量推移は、2011年から2015年の4年間でほぼ倍、そして数ある仮想通貨市場の約9割をビットコインが占めています。

ビットコインはこうして始まった

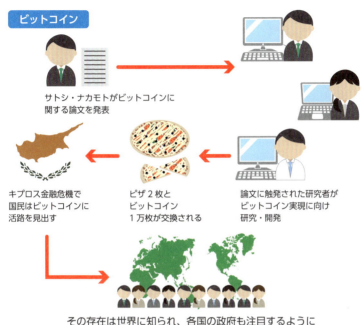

▲正体が明らかにされていない人物のアイデアが学者やプログラマに衝撃を与え、ビットコインが誕生し、普及していった。現在ではビットコインを頂点に、さまざまな仮想通貨が存在しており、今後の動向が注目される。

023
P2Pで維持される
ビットコインのしくみ

管理者の信用に頼らず安全に運用される通貨

　Sec.013でも触れたP2Pは、ビットコインを形成する重要な技術です。ここでは、P2Pを介してビットコインがどのようなしくみの上に成り立っているのかを見ていきましょう。

　それを知るためにはまず、既存の銀行がどのようなしくみを持っているかを把握しておくとわかりやすいと思います。D銀行を使っているAさんが誰かに送金したい場合、使用するのはもちろん銀行口座ですから、銀行を中心にして送金が行われます。これに対して、ビットコインでは銀行のような"中心的存在"という概念はありません。ここで登場するのが**P2P技術**で、既存のパソコン→サーバー、サーバー→パソコンではなく、膨大な数のパソコンで形成された「ビットコイン・ネットワーク」を介したしくみで送金されるのです。たとえば、AさんがBさんにビットコインを送金したいとします。すると、そのリクエストはネットワークの参加者（ノード）のもとに届き、その中の誰かがBさんへの送金権利を得て、実行する流れになります。つまり、**送金ごとに実行者が変わっていく**、それがビットコインのしくみであり、最大の特徴なのです。

　ビットコイン・ネットワークの参加者は世界に無数に存在していて、既存の銀行のように不正や経営悪化、または金融危機による政府の施策といった影響を受けません。経済や銀行インフラが整っている日本ではあまり実感がないかもしれませんが、ビットコインの大きな実績となったキプロスの金融危機然り、通貨に対する信用がゆらぐとき、仮想通貨は確かに求められているものとなるのです。

ビットコインの送金のしくみはP2P

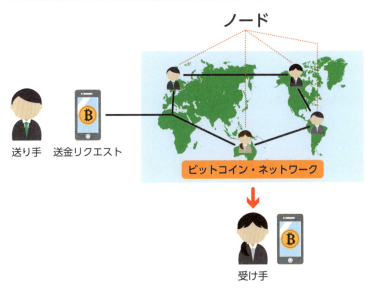

▲リクエストを行うとビットコイン・ネットワークを構成するノードに共有される。ノードは送金権利を得るために競争し、勝ち得たものが実行するしくみである。

ビットコインには"中央集権"がない

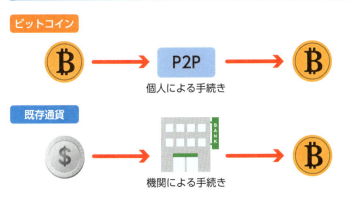

▲P2Pにより点在する個人（ノード）が送金手続きを行うしくみを実現し、国や金融機関の状況に左右されない。

024
ビットコインを生み出す
データマイニング

"マイニング"とはビットコインの検証と認証のこと

　ビットコインの話題でしばしば登場するのが「マイニング」です。これは、一体どのような内容を指すのでしょうか？　IT業界でよく使われるデータマイニングが「膨大なデータの中から未知の顧客ニーズを探す」という意味であるのに対し、ビットコインの**マイニングは取引データの検証や不正な取引のチェック**を行い、システムの安全性を保つ作業のことを指します。「ネットワーク上に蓄積された取引データ」と「新規データ」の整合性を検証し、新たなデータを認証・追記します。同時に、ユーザーが「ビットコインの正しい保有者なのか」、「送金の重複がないかどうか」もチェックします。こうしたマイニングの実行は、Sec.023で触れた**ノード**が行います。整合性の保持や不正チェックの作業には膨大な計算処理が必要なので、ネットワークにつながっているすべてのノードのコンピューターの能力を活用して行っています。つまり、ビットコインの安全性は、銀行のような単独の存在が保持するのではなく、**ネットワーク全体が一致団結して確立**しているのです。

　ただしノードは、たとえば銀行員のように専属で作業にあたる存在ではありません。昨今は専業化している面もあるようですが、おおよそ一般人がノードの役割を担っています。仕事や趣味の時間を割き、日常の作業としてシステムの安定性を保つ。それは、作業労力に対しての恩恵がビットコインには用意されているからで、それが"マイニング（採掘）"と呼ばれる所以なのです。この恩恵については、次節で解説を行います。

ビットコインの「マイニング」はシステムの保守管理

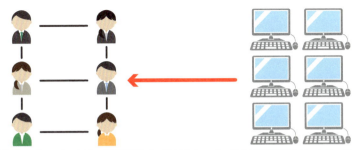

ビットコイン・ネットワークは無数のノードコンピューターにより構築されたネットワーク

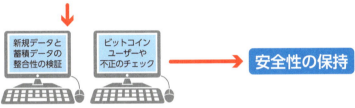

▲絶えず行われている取引の安全性を保つため、ノードたちによる作業が日々行われている。

マイニング作業は一般の有志が行っている

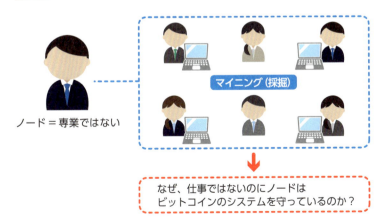

▲安全にビットコインを利用できるのは、ノードたちによるマイニング作業のおかげだ。しかし、なぜ専業ではないノードが積極的にシステムを守っているのだろうか?

025
ビットコインを支える
ブロックチェーンとは？

コア技術「ブロックチェーン」と「PoW」

　ビットコインでは、やり取りされる「取引データ」などのデータを「ブロック」、その連なりのことを**「ブロックチェーン」**と呼びます。さらに、ブロックチェーンを形成する作業を**「PoW（プルーフ・オブ・ワーク）」**と呼びます。「ブロックチェーン」と「PoW」はビットコインのコア技術であり、いわばシステム上の法律です。

　2つの技術は相互関係にあります。ブロックには「送金リクエスト」、「過去の取引情報」、「ナンス（パズルのような問題の答え）」が入っています。これを過去のブロックと「正しく接続」していく作業がPoW（プルーフ・オブ・ワーク）、和訳すれば"仕事の証明"です。ユーザーの送金リクエストがネットワーク上に伝わりブロックが発生すると、ノードは一斉にナンスに至る問題（膨大な計算式）を解きにかかります。そして、いちばん早く回答できたノード（ほかのノードによる検証も行われる）がブロックを連ね、送金を行う権利を得ることができます。ここで重要なのが、権利を得たノードには「報酬としてビットコインが与えられる」ことです。つまり、**PoWはビットコイン上の仕事であり、この一連の流れが、安全かつ持続可能な決済システムを構築している**のです。

　ネットワーク上のあらゆるデータはノードに共有され、PoWでは常に衆目監視が行われるため、中央集権でなくても不正は起こりません。また、1つのデータを改ざんするにしても、脈々と連ねられたブロックチェーンでは全体のデータを解き明かさなくてはならず、事実上改ざんは不可能になっています。

ブロックチェーンとPoWがビットコインを安全・透明化

ブロックチェーン

送金リクエスト、過去の取引情報、ナンスが含まれたデータ「ブロック」の連なり

PoW

ナンスに至る問題を解き、ブロックチェーンを形成する仕事。報酬としてビットコインを得る

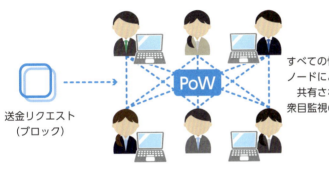

送金リクエスト（ブロック）

すべての情報がノードによって共有された衆目監視の環境

データ改ざんのためには全体のブロックを解き明かす必要がある

▲ビットコインの決済システムの安全性は「ブロックチェーン」と「PoW」という技術・しくみによって支えられている。ノードの仕事であるナンス回答は不正ができず、膨大なデータが連なるブロックチェーンは事実上改ざんが不可能だ。

Column

保険業界のフィンテック「InsTech」インステックの胎動

　フィンテックの1つに、「Insurance（保険）」と「Technology（テクノロジー）」を掛け合わせた「InsTech（インステック）」という分野があります。テクノロジーを駆使して保険業界にイノベーションを起こすことをテーマとしたこの分野、発祥は「世界の保険業界の中心」であるロンドンですが、インステックという言葉自体は日本の第一生命が生みの親です。ここからもわかるように、国内大手保険会社は積極的にインステックのサービス開発・提供を行なっています。

　第一生命は2015年末から「インステックイノベーションチーム」という部門を立ち上げ、インステックサービスや新たなしくみづくりに取り組んでいます。保険ノウハウとテクノロジーを融合させ、健康維持を評価することで保険料が安くなる商品の開発や、保険の引き受けにまつわる手続きのスマート化を進めています。

　また、損保ジャパン日本興亜ホールディングスは東京とシリコンバレーにデジタル戦略部「SOMPO Digital Lab」を設立し、さらにシリコンバレーのベンチャー育成機関である「プラグ・アンド・プレイ」と提携、同機関が新設を予定している保険専門プログラムを介して有力なベンチャーとのネットワークを構築するなど、積極的な動きを見せています。

　InsTechでは、保険のノウハウのみではなく、「ヘルスケア」や「マーケティング」といった2つの領域がサービスに含まれています。保険を主軸にしつつも、双方の分野においてイノベーションを起こすサービスが登場してくるかもしれません。

Chapter 3

そうだったのか! FinTechを支える技術

026

フィンテックを支える7つの技術

既存の金融サービスを覆すフィンテックの技術

「決済・送金・融資・財務管理・家計・仮想通貨」といったさまざまなカテゴリからなるフィンテックは、多岐に渡るテクノロジーを駆使して開発されています。フィンテックで把握しておくべき技術は、大きく7つに分類されます。「モバイル」、「クラウド」、「API」、「ビッグデータ」、「AI」、「セキュリティ」、「UX」です。

モバイルは「スマートフォンやタブレットなどのモバイル端末技術」、**クラウド**は「ソフトウェアを端末にインストールしなくてもネットワークを介してサービスを利用できる技術」です。

APIは「既存のシステムやデータにほかの事業者がアクセスして活用できるようにする技術」、**ビッグデータ**は「膨大な情報の中から必要なデータを収集・分析・解析する技術」、**AI**は「判断や決定など人間の知能をコンピューターで実現させるための技術」となります。

セキュリティは、「攻撃者からの不正を防ぐための技術」であり、あらゆるWebサービスで求められます。フィンテック分野ではとくに重要視され、各サービスにはさまざまなセキュリティ技術が導入されています。最後の**UX**（ユーザー・エクスペリエンス）は、日本語で「ユーザー体験」を意味する技術です。ユーザーが思わず使いたくなるような体験を提供するための技術で、既存金融サービスの使い勝手の悪さに対するアンチテーゼとして登場したともいえます。以上の7つの技術が単独で、あるいは組み合わせて活用されることで、フィンテックのサービスが実現されています。

さまざまな技術で構成されるフィンテック

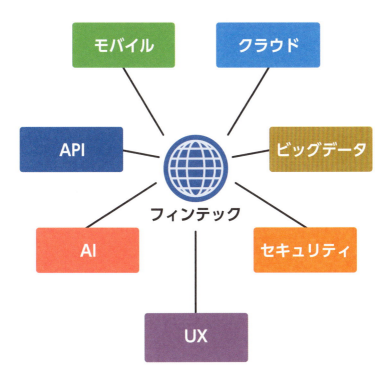

▲フィンテックとは、さまざまなテクノロジーを活用して、金融サービスにイノベーションを起こす1つの概念だ。サービス内容にもよるが、単体もしくは複数の技術を組み合わせてフィンテックは開発されている。

027
モバイル端末の普及がフィンテックを生んだ

世界を変えたスマートフォンがフィンテックを促進する

　近年、さまざまなフィンテックサービスが登場し、加速度的に市場を席巻している理由は何でしょうか？　それは、**モバイル端末の普及**にほかなりません。これは、ほとんどのフィンテックがスマートフォン中心のサービス設計になっていることを考えても明らかです。仮にフィンテックがパソコンだけで利用できるサービスだったら……、おそらく世の中にそれほどのインパクトは与えなかったことでしょう。

　パソコンとモバイル端末の違いは、"身近さ"だといえます。スマートフォンはもはや通信機器ではなく、バッグや財布と同じように、誰もが携帯するライフツールです。何をおいてもスマートフォンさえあれば大丈夫という人もいるほど、モバイル端末の登場は私たちの生活を大きく変貌させました。自分がどこにいても現在地を知ることができ、いつでもショッピングを楽しんだり、ホテルの予約をしたりできます。私たちの生活は、もはやスマートフォンありきといっても過言ではないのです。

　そう考えれば、生活と切り離すことができない金融サービスがスマートフォンを介して利用できるようになり、銀行に足を運ばなくても、クレジットカードを持たなくても決済やお金の管理ができるようになったというのは、自然の流れといえます。フィンテックはもう特別なものではなく、生活を支えるインフラの1つなのです。今後、スマートフォンを舞台にさらに多くのフィンテックが登場し、より利便性の高いサービスが開発されていくことでしょう。

スマートフォンあってこそのフィンテック

▲これだけフィンテックが注目されているのも、私たちのライフツールとなったスマートフォンの存在が大きい。

スマートフォンの利便性を金融サービスへ応用

▲距離やモノの概念を覆したインターネットと、それをどこでも利用できるようにしたスマートフォン。それらの強みを駆使して金融サービスに変革をもたらすのがフィンテックだ。

028
モバイル端末に個人情報が集約される時代

スマートフォンが個人証明になる時代がやってくる

　Sec.015の「Kabbage」のように、普段ユーザーが利用するITサービスの情報から与信審査を行う融資サービスが続々と登場しています。フィンテックは個々の財務状況を証明する情報にも変化を及ぼしているわけですが、その背景にあるのがスマートフォンの存在です。

　肌身離さず携帯するスマートフォンには、数多くの個人情報が集約されています。GPSではあなたの行動が、SNSでは交友関係が、ECサイトやWeb検索、撮影データの履歴からは趣味趣向までがわかります。ユーザーの閲覧履歴から適した情報やサービスを自動で提供するECサイトやWebブラウザの機能は、今では当たり前になった感もあります。しかし、よくよく考えてみれば、個人情報が本人の知らぬ間に収集され、それをサービス提供側が活用しているという事実に、少し怖さを覚える人もいるのではないでしょうか。

　しかし、こうした機能を存分に活かすことでユーザーに利便性を提供しているのが、フィンテックのサービスなのです。冒頭で記したKabbageを始めとする融資分野では、**顧客のSNSやECサイトでの取引情報を与信審査に活用**することが、すでにデファクトスタンダードになりつつあります。また、決済や家計分野では、金融機関と連携することで、**預金の入出金情報やカードの利用状況などを自動で取得してサービスに反映させる**機能を搭載しています。ユーザーが普段意識しない行動や情報が、フィンテック上では欠かせないデータとなり、ユーザーに利便性を与えているのです。

スマートフォンは、もはや単なる情報端末ではない

▲私たちはスマートフォンから、生活に必要な多くのサービスを受け取るようになった。ユーザーが意識しない"スマートフォン履歴"が、フィンテックでは与信審査などの判断に使われる。

029
クラウドが金融ビジネス参入の ハードルを引き下げた

ITサービス開発の基盤であるクラウド活用

インターネット活用の新しいインフラであるクラウド技術は、「ネットワーク経由でソフトウェアやサービスを利用できる環境」のことを意味しています。私たちの身の回りにあるアプリや Web サービス、たとえば Gmail や Dropbox なども、クラウドのおかげで実現されています。そして、フィンテックにおいても、同様に多くのサービスでクラウド技術が活用されています。

中でも、クラウド技術のメリットを全面に押し出したサービスが**クラウド会計**です。通常の会計ソフトであれば、パソコンごとにソフトウェアのインストールが必要でした。しかしクラウドの活用により、**インストールの手間がなくなり**、さらにパソコンやスマートフォンなど**複数の端末からクラウド上のサービスを利用**することが可能になりました。さらに、複数名で会計情報を管理・共有できる機能など、これらは皆、クラウド技術あってこその機能なのです。

このように、クラウドはユーザーに大きなメリットを与えるほか、IT サービス開発企業にも多大なチャンスをもたらしました。その1つがコストです。とくに初期コストや運用コストを抑えたいベンチャーにとっては、従来型のサーバー設置や運用コストは悩みの種でした。しかし、それがクラウドに置き換わることで、**コストを圧縮し開発を進められる環境**が整いました。また、クラウドにはある程度まで開発されたシステムを活用できるメリットもあり、余計な労力を省いてオリジナルのサービスをスピーディーに開発することが可能になります。

フィンテックを始め、ITサービスの根底を支えるクラウド技術

▲専門的な機材やソフトの必要なく利用できるクラウドは、「ITとユーザーの距離」をなくした技術であるといえるだろう。

030
ビッグデータに集積される膨大な情報

ビッグデータの技術で大きく変わる金融業界

　ビッグデータという言葉は、昨今ではかなり浸透した感がありますが、その内容がもうひとつ明確に掴めないという人も多いのではないでしょうか。ビッグデータという言葉には、**膨大な情報**と、その**情報をデータとして収集・分析する技術**という2つの側面があります。膨大な情報とは、たとえばGPSの位置情報やSNSのテキストなど、多くのユーザーによって日々大量に生み出される情報の塊のことです。そして、その情報を特定のサービスやビジネスに活用できるように収集し、解析を行う技術がビッグデータ技術です。

　金融業界は、日々、与信情報や株価の推移、顧客の入出金情報といったさまざまな情報を扱っています。そして、サービスの提供にはそれらの情報の精査が欠かせません。金融業界の主な業務は、情報収集と解析なのです。そして、これはまさにビッグデータの得意とするところです。つまり、金融業界とビッグデータは非常に相性がよいのです。現にフィンテックにおいて、融資分野や資産運用分野のサービスには、もはやビッグデータ技術が欠かせないものとなっています。

　そして、フィンテックが「既存金融機関にとって脅威的な存在」とされている所以も、ビッグデータ技術にあります。従来のように**人力で行うよりも、はるかに大きな情報を収集でき、かつ精度の高い解析を行える**ビッグデータの加速度的な進展により、これまで人が担ってきた仕事をコンピューターが担うようになりつつあるからです。

ビッグデータとは何か?

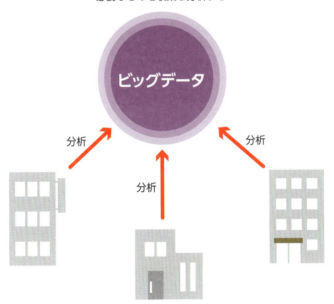

▲ビッグデータには、膨大な情報の塊と、それら情報の収集と分析を行う技術という2つの側面がある。フィンテックサービスの多くに、ビッグデータの技術が活用されている。

031
ビッグデータの分析が新たな融資や投資を生む

既存の金融サービスを侵食するビッグデータの技術

　2014年、イギリス・オックスフォード大学でAIなどをテーマにした研究を行うマイケル・A・オズボーン准教授が発表した論文『雇用の未来？コンピューター化によって仕事は失われるのか』が、世界中で話題となりました。そして、"今後10〜20年でのIT技術の発展により失われる職業"の中に、金融業界の業務が複数入っていたことに驚きを覚えた人も多数いました。しかし、日増しに進化するIT技術、そして既存の金融の仕事を俯瞰してみると、現実味が感じられる予測であるといえるでしょう。

　金融業界の仕事を単純に説明すると、数多くの情報の収集と精査による意思決定といえます。融資やクレジットカード審査担当者、クレジットアナリストなど、まさに情報がものをいう世界です。しかし、ビッグデータのように**情報を自動で収集し分析**するという行為はIT技術の得意分野であり、かつ、**リアルタイムで収集できるビッグデータの量や種類、分析の精度は今後も向上していく**ことが予測されます。このように考えれば、これまで**人によって行われてきた金融業務の多くがコンピューターに置き換わる**ことも決して空想の範囲ではないのです。

　事実、ファイナンシャルプランナーが行ってきた投資アドバイスは、ビッグデータとAIを活用したフィンテックであるロボアドバイザーが担い始めています。すべてのファイナンシャルプランナーが置き換えられるとは思いませんが、多くの顧客が低コスト・高品質のロボアドバイザーに魅力を感じているのは確かな事実です。

ビッグデータが金融業界の雇用を奪う?

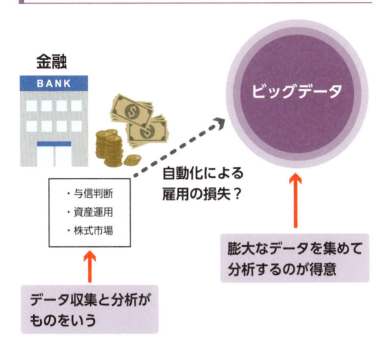

ITにより雇用が失われる可能性が高い金融分野の仕事

融資担当者

コールセンター

審査や調査員

etc……

▲便利になるというのは労働力の削減でもある。近年、ITの恩恵が高まる一方で、従来の仕事が失われていくという予測がある。

032

急速に人間に近づくAIの進化

金融業界に浸透し始めたAIの存在感

　IT技術のトレンドであり、次世代のサービスを作る上でのコア技術になるといわれているのがAIです。日本では人工知能とも呼ばれるAIは、人間の指示を受けて稼働する従来のコンピューターに対して、自らが状況を判断し、人間からの指示なしに意思決定を行うプログラミング技術です。世界トップレベルの棋士2人を破ったGoogleの「Alpha GO」や、ソフトバンクの「Pepper」に使われている技術として広く知られています。

　AIの歴史を紐解くと、近年のAIは従来のAIと比べて別次元の技術といえるほど進化しています。以前までは、学習は自動で行うとしても、そのソースとなるデータの入力やルールの設定は人間が行っていました。つまり、人力に依存する部分が大きく、膨大なデータに対応できる能力がありませんでした。しかし、現在のAIは**自らが大量のデータを処理し、さらにそこから自動で法則性を見つける**ことができます。つまり、AIが自ら材料を集めて学習することができる時代が到来したのです。このような学習の自動化に加えて近年のIT技術の進展がブレークスルーとなり、AIの実用化は一気に進もうとしています。

　AIは、ビッグデータとの組み合わせによって主に資産運用分野で注目を集めており、融資の与信審査や資産管理・運用を自動で行ってくれる「ロボアドバイザー」、脅威のスピードで株取引を行う「超高速取引」はAIが欠かせない技術となっています。

現在のAIは第3次ブームのまっただ中!

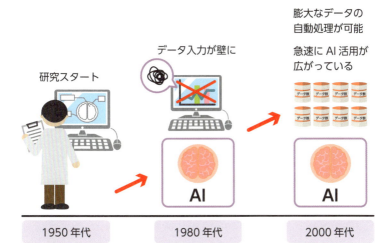

▲AI研究の歴史は長い。要所要所でのブレイクスルーを経て、今日の注目がある。

フィンテックにもAIが応用されている

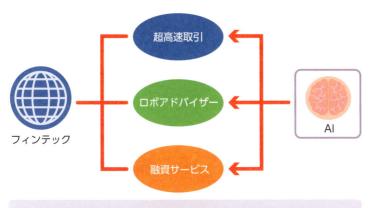

さまざまなフィンテックのサービスで AI が活用されている

▲AIは金融業界と非常に相性がよい。そこに着目したフィンテック企業が、複数のカテゴリでAIサービスを提供している。

033

AIが融資の可否を判断する

AIが分析する顧客の返済能力

　金融機関が融資サービスを提供する際に必要となるのが「与信判断」です。融資を申請してきた顧客が果たして返済能力があるか否かを確認し融資を決定する業務であり、判断を誤れば債務不履行にもつながります。融資における最重要事項といえますが、顧客が信用に値するかどうかの判断は担当者に委ねられ、かつその判断基準はあいまいで、審査の結果が出るまで時間もかかるというのが既存の融資のあり方でした。これに変革を起こしたのが、Sec.028 の「Kabbage」や、氏名や電話番号などの基本情報の入力のみで融資を行う消費者金融サービス「Affirm（アファーム）」です。どちらも AI とビッグデータを活用したフィンテックで、今までにない融資サービスを提供しています。

　与信判断において AI が行うのが、**顧客の"オンライン行動"の分析**です。クラウド会計サービスや SNS などのサービスの履歴を、ビッグデータ分析から導き出した顧客傾向と照らし合わせ、融資の可否を判断します。ここでは、従来の審査では活用されなかったデータを材料に、**人の意思決定を介さない判断**が行われているのです。

　この AI の自動審査は、顧客の側からすれば、手軽な情報の入力のみで数分後には審査結果がわかることから、アメリカではすでに多くのユーザーを獲得しています。日本でも、みずほ銀行 × ソフトバンク、ジャパンネット銀行、デジタル・アドバタイジング・コンソーシアム（DAC）× データ・フォアビジョンなどが、それぞれサービス化を推進させています。

与信判断を自動で導き出すAI

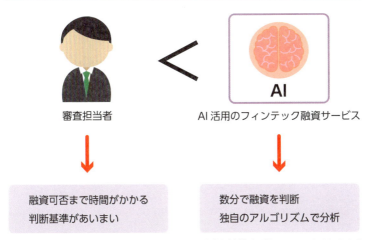

▲これまで与信判断は担当者が行っていた。より的確な判断が可能で、かつ審査にかかる時間が短いAI融資は、着実に顧客を集めている。

AIが分析するのは顧客の「オンライン行動」

▲従来の担保などではなく、AI融資サービスはSNSなど顧客のオンライン行動を与信判断の材料としている。

034
ロボアドバイザーが担う2つの役割

AIが資産運用のあり方を変える

　AIとビッグデータを活用したフィンテックの中でもとくに注目を集めているのが、**ロボアドバイザー**です。これは運用に必要な投資判断や売買、アドバイスなどを金融機関に任せるラップ口座と呼ばれるプランをAIを用いて提供するサービスで、10万円台～数百万円の資産から利用することができます。

　ロボアドバイザーの特徴となるのが、「運用・ポートフォリオ提案」と「購入代行と運用中のポートフォリオのリバランス」の自動提供です。スマートフォンからいくつかのヒアリングに回答するだけで、**AIが顧客状況をプロファイリング**して、顧客の資産運用の目的やリスク許容度から適した**「国際分散投資のポートフォリオ」を作成**、さらには**購入代行**や**ポートフォリオの「リバランス」**までを自動で行ってくれます。仮に資産配分の維持のため、自分でリバランスを行うとすれば、各マーケット動向を逐一確認しなければならず、難解です。しかしロボアドバイザーであればこれらをAIに一任できるので、手軽に始めることができます。

　アメリカでは2000年代後半からサービスが提供され始め、2014年時には市場規模（＝運用資産残高）が約2兆円に成長。2020年には20兆円～200兆円にも上ると予想されています。日本市場では現在普及期に突入していて、「THEO」、「WealthNavi」、「SMART FOLIO」、「PORTSTAR」など、数々のサービスが登場しています。市場規模は、2020年に1兆円に達する見込みと予測されています。

AIでらくらく資産運用

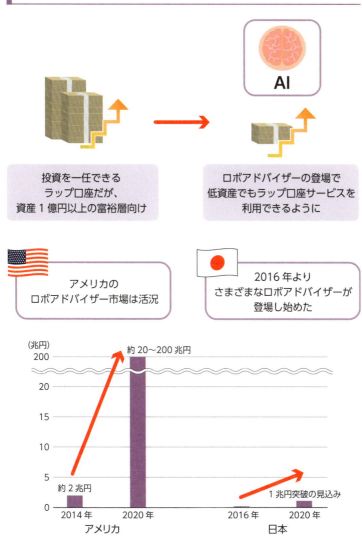

▲ロボアドバイザーの種類によって金額はまちまちだが、中には1万円台から利用できるサービスも登場している。日本国内でも2020年には1兆円市場が築かれる見込みだ（出典：エイト証券プレスリリース「ロボ・アドバイザーの日本での運用資産は1兆円を超える見通し」https://prtimes.jp/main/html/rd/p/000000012.000009837.html）。

035

AIによる超高速「株取引」の脅威

AIが株取引の世界にもたらす影響とは？

　株式投資にあまりなじみがなくても、ニュースなどで放送される株価の推移には関心のある人も多いと思います。しかし、そこにもフィンテックによって変化がもたらされているようです。

　株取引に **HFT**（以下超高速取引）という方法があります。「コロケーションサービス」という、取引所のメインコンピューターの付近に発注用サーバーを設置するサービスを活用し、独自のアルゴリズムが組み込まれた AI のソフトウェアを駆使して、**人間とは比べものにならない速さで株取引を行う**というものです。1,000 分の 1 秒という、人間がどう頑張っても太刀打ちできない速さで株の売買を行う超高速取引は、取引の世界において存在しないとされる"絶対の勝利"を実現する可能性をはらむことから、株式市場を根底から覆す破壊的イノベーションとされています。市場が活況なアメリカでは非常に注目を集めていて、日本市場でも 2010 年から東京証券取引所が**アローヘッド**を稼動させています。

　こうした流れは、今後世界で一層浸透していくと思われますが、その一方で、市場に与える影響の大きさから国内外ともに規制の動きも進んでいます。アメリカでは 2012 年のニューヨーク証券取引所で HFT を活用するナイト・キャピタル・グループがシステムトラブルによる誤発注で約 340 億円を損失し一瞬にして経営危機に陥る自体となりました。日本では、巨額損失はまだ発生していませんが、現在の東京証券取引所の約 7 割の取引が超高速で占められており、金融庁は規制を進める方針だといいます。

株式市場を変える「超高速取引」

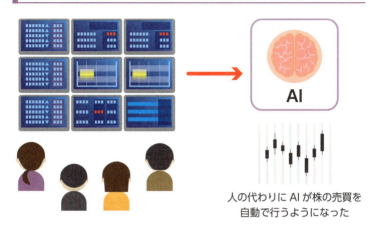

人の代わりに AI が株の売買を
自動で行うようになった

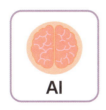

株取引のスピードは1,000分の1秒と驚異的！

だが……

- プログラムの誤作動
- 参加者が限定される

市場を大きく揺るがす可能性あり

規制！？

▲驚異的なサービスとして登場したAIによる超高速取引は、これまで人の手に依存していた株の売買を自動で行う。その機能は市場を変貌させる懸念があり、国内外で規制が進んでいる。

036
フィンテック企業と金融機関をつなぐAPI

APIはサービスとサービスの「データ連携」

　API（アプリケーション・プログラム・インターフェース）という言葉を耳にする機会は、それほど多くないかもしれません。しかしAPIはすでに多くのサービスで導入され、一般化しています。たとえばグルメサイトや企業ページなどで見かける"Googleマップ"もまた、APIを利用してそれぞれのページに掲載されています。Googleに関連したサイトではないのに、Googleマップが掲載されている。それを実現させている技術が、APIなのです。Googleが無料で提供する「Google Maps API」を使えば、誰もが手軽にGoogleマップを自分のページに掲載することができます。仮に一から地図機能を制作するとなれば、多大なコストと労力が必要となるので、利用者にとってもメリットの大きい機能といえます。

　いわば**データを連携させる**技術であるAPIは、フィンテックを語る上でも欠かせない技術となりつつあります。金融業界でのAPI活用事例として知られるのが、アメリカのスタートアップ企業**Xignite**（エクシグナイト）の事例で、自社の持つ金融情報をその情報を活用したい証券会社などにAPIで公開・販売しており、多くのユーザーを獲得しています。そのほかの事例としては、ロボアドバイザーシステムをAPIで提供しているフィンテック企業もあります。こうした動向に既存金融機関も注目しており、海外では、銀行やカード会社の複数社が実験的提供も含めたAPIの提供を行っています。そして、APIによる連携の中から、スタートアップ企業との協業による新しいフィンテックサービスが登場しています。

既存サービスと新サービスをつなぐAPI

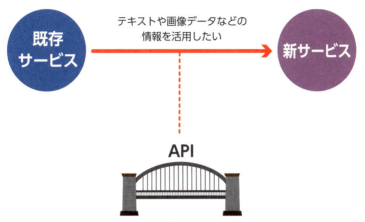

▲APIを活用すれば、既存サービスのシステムやデータを活用した新しいサービスを開発することができる。

APIは公開側、利用側の双方にメリットをもたらす

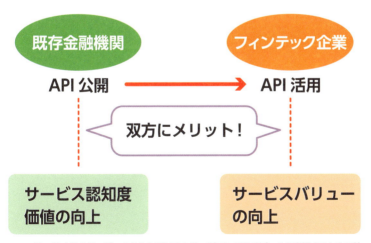

▲APIは、魅力的なサービスを作るために既存サービスとの間でデータを連携するための技術とイメージするとわかりやすい。

037
銀行APIの公開がフィンテックを加速させる

積極的公開が待たれる銀行API

　前節でAPIを「データ連携」する技術と説明しましたが、ここでは**銀行API**について詳しく見ていきましょう。

　たとえば、日本でも人気の高い家計簿アプリは、自分が利用している銀行をアプリに登録しておくと、口座情報を自動で反映してくれます。つまり、アプリが銀行から口座情報を取得しているということで、"データ連携"ということであれば、APIを如実に表す構図であるといえます。ただし、これのみでは銀行APIとはいえません。それは、ほかのサイトから情報を抽出できる**Webスクレイピング**という技術で同様のことができるからで、現に数多くの家計簿アプリがこの技術を採用しています。それに対して銀行APIの場合は、同じデータ連携であっても、より**「安全で安定した」連携を行う**ことができるという特徴があるのです。

　Webスクレイピング方式では、サイト画面の更新により確認機能が一時利用できなくなったり、金融機関用のIDやパスワードを登録する必要があるなど、ユーザーにとっては利用しにくさが、銀行にとっては情報の外部漏洩の懸念がありました。しかし、銀行APIでは、情報のやり取りを直に、かつ安全に行うことが可能で、銀行も安心してアプリと連携することができます。とはいえ、銀行がAPIを公開するということは、秘匿性の高い情報を外部に提供するということで、公開は決して容易いものではありません。しかし、銀行APIを用いれば、ユーザーにより価値のある新しい機能を付加できる可能性もあり、フィンテック業界では、積極的な公開が待たれています。

預金情報などを取得する銀行API

▲フィンテックサービスにおいてAPIは欠かせない。銀行が持つ情報にアクセスし、スマートフォンに反映される技術、それが銀行APIだ。

「Webスクレイピング」と「銀行API」

▲銀行APIの公開により、Webスクレイピングよりもスムーズで安全な環境でデータ連携が可能になる。

038
フィンテック普及に欠かせない生体認証技術

セキュリティの高みを目指すフィンテック

　ITを活用したすべてのサービスは、インターネットというオープンなネットワークの特性上、**セキュリティ**への強い意識が求められます。とくにフィンテックでは、さまざまな工夫が凝らされたセキュリティ対策技術の検討や導入が行われ始めています。

　中でも注目を集めているのが、**生体認証**です。決して**同じものがない人間の個体差に着目した認証方式**で、たとえば「指紋」や「声」、「顔」などを用いた認証方法があります。

　生体認証の中で現在もっとも導入が進んでいるのが、指紋認証です。iPhone へのログインに活用されていることでも、なじみの深い生体認証です。多くのフィンテックでも決済システムに採用されており、日本にも「LIQUID Pay（リキッド・ペイ）」があります。専用デバイスから消費者の指紋を登録し、クレジットカード情報と結び付けることで指紋での決済が可能になる、画期的なサービスです。

　音声認証は、オランダの金融機関である「ING（イング）」のモバイル決済システムに導入されていて、ユーザーは専用の番号に電話をかけ、声を発するだけで残高照会を行うことが可能です。また顔認証は、世界２位のシェアを誇るクレジットカード会社「MasterCard」や、中国最大の IT 企業アリババグループが提供する決済システム「Alipay（アリペイ）」で導入実験が予定されています。

生体認証のセキュリティへの導入が進んでいる

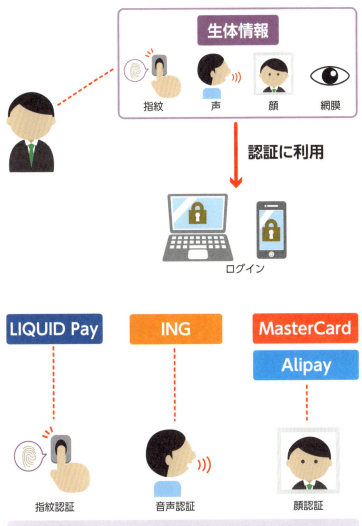

フィンテックサービスへの生体認証の適用も進んでいる

▲セキュリティがより重要視されるフィンテックにおいて、コピーできない生体認証は高い注目度を誇っている。

039
UXがフィンテックサービスの成否を決定する

ユーザーエクスペリエンスを重視するフィンテック業界

　さまざまなアプリがそうであるように、フィンテックにおいても**UX、ユーザーエクスペリエンスはユーザー獲得を左右する重要な技術**です。Sec.026に記したように、これからのフィンテックサービスでは、ユーザーが"思わず使ってみたくなる"サービス設計が求められます。そして、フィンテック自体が既存の金融サービスに対抗して誕生したものであることから、従来にはない機能やアプローチが試みられ、非常にユニークなユーザーエクスペリエンスを持ったサービスが数多く生まれています。

　Sec.012の「Square」はその好例です。レジやPOSシステムといった従来の会計システムを、スマートフォンと小型デバイス、アプリのみで実現させています。つまり、スマートフォンとデバイス、ネット環境があれば、どこでも会計処理を行うことができるため、たとえば野外イベントなどのような環境でも、しっかりとしたレジシステムを構築できます。フィンテックはそのサービス内容の利便性が注目されがちですが、多くのユーザーを獲得してきた背景には、こうした**優れたユーザーエクスペリエンスがある**のです。

　ユーザーエクスペリエンスの高度化により、フィンテックがより魅力ある金融サービスになっていくのは明らかです。しかし、スタートアップ企業にとっては、ユーザーに常にサービスを使ってもらえるユーザーエクスペリエンスを目指す必要があります。さまざまなサービスの登場が予想される今後、ユーザーエクスペリエンスはより重要な技術となっていくことでしょう。

ユーザー獲得の肝となるUX

▲特別な機能や高品質をうたっても、UXがいまひとつであればユーザーの心を揺さぶらない。UXの最適化は最重要課題だ。

優れたUXで利用者を獲得したSquare

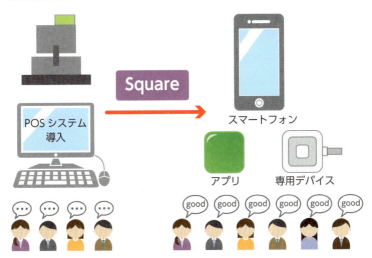

▲ユーザーにとって有意義な体験を与えるのがUXだ。専用デバイスとスマートフォン、アプリだけで既存のレジとPOSシステムを実現しているSquareは優れたUXの代表といえるだろう。

Column

AIが金融機関のオペレータを担う「みずほ銀行 ワトソン」

　IBMのAI「Watson（以下ワトソン）」は、金融分野に大きく裾野を広げています。みずほ銀行は2014年に導入を検討、そして2015年2月にワトソンを活用したシステムをコールセンターで稼働させました（https://www.mizuhobank.co.jp/mizuho_fintech/news/watson/index.html）。

　ワトソンは学習機能を持ち、自ら内容理解の精度を向上させていくAIです。コールセンターでは、テキストデータ化された顧客の音声を分析し、オペレータのモニター上に適切な回答を表示することで、オペレータ業務支援システムとして使われています。従来のオペレータ業務は顧客の問いに対し、"あいまい"であることが多かったといいます。それは、顧客の問い自体が具体性に欠けた内容だと、整合性の取れない会話になってしまい、既存のオペレーションでは的確な回答が難しいといった背景があったためです。ワトソンの導入により、業務効率化やコスト削減に加え、顧客対応のサービスの向上にもつながると期待されています。

　手数料の場合の問い合わせを考えてみても、回答には「引き出しか振り込みか？」、「いつの時間帯か？」など、さまざまな情報が必要です。だからこそ、絶えず膨大なデータを検証し、精度向上を自動で行うAIが注目されているのでしょう。現在では、みずほ銀行をはじめ、三井住友銀行、東京三菱UFJ銀行が業務支援でワトソンを導入しています。いずれも先行投資のようですが、成果が出れば、業務の完全自動化もそう遠い日のことではないのかもしれません。

Chapter 4
今すぐ始めよう! FinTech導入事例

040
会社や店舗でフィンテック決済を導入するには?

スマートフォンとネット環境があれば準備はOK

　これまでフィンテック先進国アメリカのサービス事例を中心に、その全体像や要素技術を紹介してきました。本章では、実利用を見据えた概要やメリット、そしてさまざまな国内フィンテックサービスを紹介していきたいと思います。まずは決済編です。

　フィンテック決済は、**専用デバイスとスマートフォンやタブレット、アプリの組み合わせで POS レジやカード決済を実現させるサービス**です。スマートフォンやネット環境はほとんどの人が所有しているものなので、必要なのは専用デバイスの購入とアプリのみ、ということになります。レシートプリンターやキャッシュドロワーなど既存機器との連携ができるサービスもあるので、従来の決済システムからの乗り換えもスムーズです。

　そして、省スペースで運用できるのも特徴です。専用デバイスは小さく、最小限のサービス構成であればデバイスとスマートフォンを置くスペースを確保するだけでよいので、今までレジやカードリーダーを置いていた空間を有効活用できます。また、利用を中止したいときも、業者に端末を回収してもらうなどといった手間は発生しません。サービス退会に必要なのは登録アカウントとアプリの削除のみです。このように、導入から退会までの一連の流れの中で、フィンテック決済には、ユーザーがスムーズに導入でき手軽に運用できる環境が用意されているということがわかります。決済としての機能はもちろんのこと、店舗状況に柔軟に対応する利便性が、ユーザーから支持を集める大きな理由になっているといえます。

フィンテック決済はかんたんに導入できる

▲決済機器はスマートフォン接続のデバイスへ。アプリが売上管理システムを担うことで、小規模店舗でもPOSシステムを導入できる。

041

フィンテック決済のメリットを知る

フィンテック決済で決済がより身近に

　フィンテック決済のメリットといえば、なんといっても**手軽さ**です。決済システムを利用するためには従来、専用端末や専用ソフトウェアの導入が必須でした。しかし、誰もが持つスマートフォンとアプリで手軽にシステムを構築することができ、コスト面でも非常に低く抑えられています。これにより、スペースやコストの課題でPOSシステムの導入を見送っていた小規模の小売店でも導入が可能になり、また顧客ニーズを見てクレジット決済の導入を決めたり、イベント時だけレジを使用するといった短期間での活用も手軽にできるようになりました。フィンテック決済によって、事業規模や利用シーンを問わない決済が行われるようになっています。

　次に挙げられるメリットが、**業務効率化**です。どのフィンテック決済も、使いやすさという点では共通しています。習熟が不要でレジ初心者でも扱えることのメリットは店舗運営に直結するので、業務効率化を求めたい店舗にも適しているといえます。また、クラウドによってソフトウェアも自動更新され、ユーザーに役立つ機能が随時追加されるほか、外部の会計ソフトなどとの連携も可能です。それにより、決済だけではなくレジ研修業務の簡略化や経理の利便性向上といったビジネスツールとしての活用が期待できる点も大きな魅力です。

　小さなデバイスとスマートフォンでレジ業務が行える手軽さ、そしてアップデートによる機能拡張といったメリットを考えれば、フィンテック決済が決済分野のデファクトスタンダードになるのもそう遠いことではないかもしれません。

どこでもいつでもレジ、カード決済が可能に!

▲導入の手軽さによる店舗のメリットは大きい。さらに、ビジネスツールとしての活用も期待できることで、運営戦略にも活かせる。

042
フィンテック決済に必要な
コストを知る

フィンテック決済の利用コストは高い？　安い？

　フィンテック決済の導入を検討する場合、いちばん気がかりなのがコストだと思います。いくら便利なサービスであっても、コストが負担になるようであれば、なかなか手を出しにくいものです。しかし、フィンテック決済が世界で支持を集めている理由は、新規性や利便性の高さばかりではなく、よいサービスを**低コストで利用できる**からです。コストの面で魅力があるのが、フィンテック決済なのです。

　Sec.012で紹介したクレジット決済サービス **Square** では、専用デバイスを4,980円という価格で購入することができます。あとは、決済時に3.25%の手数料が発生するのみで、月額利用料などはありません。また、SquareはアプリやPOS周辺機器と合わせて運用することでPOSシステムを構築できますが、システムの要であるアプリは無料で利用できます。お店の規模や決済内容にもよりますが、ときには数万〜数十万円単位のイニシャルコストが必要だった既存のPOSシステム導入と比較すれば、まさに画期的な価格の決済サービスといえます。

　法人決済分野にもフィンテック決済は浸透し始めていて、BtoBでの掛売りにまつわる請求業務を代行する「Paid（ペイド）」といったサービスもあります。与信管理や代金回収の代行などが主なサービス内容ですが、こちらもイニシャル・ランニングコストなどはなく、取引金額の1.9%〜3.0%が手数料として発生するのみです。掛売りのトラブル対応にかかる労力を考えれば、コスト面も含め非常に"お得"なサービスといえます。

日本で利用できる主な決済サービスの利用料と対応カード

Square

初期費用	0円	
月額利用料	0円	
専用デバイス	4,980円（税込）	
決済手数料	3.25%	
振込手数料	無料	

決済可能クレジットカード
VISA
MasterCard
American Express

Coiney

初期費用	0円	
月額利用料	0円	
専用デバイス	19,800円（税込）	
決済手数料	3.24%※	
振込手数料	10万円未満は200円 そのほか無料	

決済可能クレジットカード※
VISA
MasterCard
SAISON CARD
American Express
JCB
Diners Club
Discover

楽天ペイ

初期費用	0円	
月額利用料	0円	
専用デバイス	9,800円	
決済手数料	3.24%※	
振込手数料	無料	

決済可能クレジットカード※
VISA
MasterCard
American Express
JCB
Diners Club
Discover

※Coiney、楽天ペイともに、JCB、Diners Club、Discoverでの決済手数料は3.74%となる。

▲若干のサービス内容の違いはあるものの、国内で利用できる人気のフィンテック決済はそのほとんどが、無料で導入、運用できる。専用デバイスについても定期的にキャンペーンを行っている場合が多く、実質0円で購入が可能だ。

043
今すぐ導入できる決済サービス4選

どのサービスを選ぶ？ 続々登場するフィンテック決済

　ここ数年で日本発の決済サービスが続々と登場し、国内市場は賑わいを見せています。ここでは、その中でもとくにユーザーから支持を集めるサービスをピックアップして見ていきましょう。

　2012年に設立された **Coiney**（コイニー）は、"スマートフォン決済"サービスです。サービスモデルは「Square」とほぼ同様ですが、スマートフォンなどに接続する専用デバイスは実質0円で導入することができ（キャンペーンの場合）、手数料は決済時に発生する3.24〜3.74%の手数料のみとなっています。取り扱いカードのラインアップは、Squareが「VISA・MasterCard・American Express」に対応しているのに対して、一部利用業種が限定されるものの、「VISA・MasterCard・American Express・SAISON CARD・JCB・Diners Club・Discover」に対応しています。

　国内のスマートフォン決済サービスは、ほかにもリンク・プロセシングの **Anywhere**（エニウェア）や楽天の**楽天ペイ**、ROYAL GATE（ロイヤルゲート）の **PAYGATE**（ペイゲート）などがあり、ユーザーは使い勝手のよいサービスを検討できる環境が整っています。成長市場であることを鑑みれば、今後もさまざまな特色を持ったサービスが登場することでしょう。また、Squareが日本でサービスを開始した2013年を機に、スマートフォン決済企業の各社が決済手数料を大幅に値下げしました。こうしたことから、サービス内容もコストも、よりユーザーの利便性を追求したもへとブラッシュアップされていくことが予想されます。

国内のスマートフォン決済サービス

● Coiney
(http://coiney.com/)
取り扱いカードの種類の多さが魅力。

● Anywhere
(https://www.linkprocessing.co.jp/anywhere/)
スマートフォン決済だけではなく、口座振替受付にも対応。

● 楽天ペイ
(https://smartpay.rakuten.co.jp/)
決済から入金までが最大48時間とスピーディ。

● PAYGATE
(http://paygate.ne.jp/)
イヤホンジャック接続ではない決済デバイスを提供。

▲専用デバイスとアプリ提供がスマートフォン決済のサービスの基本となるが、それぞれに独自の特色を持つ。

044

会社でフィンテック融資を受けるには？

知っておきたいフィンテック融資の種類

　国内のフィンテック融資は、大きく2種類に分類できます。1つはインターネットを介して「借り手と貸し手をマッチングさせる」サービス。もう1つは「EC企業が融資を行う」サービスです。

　マッチングサービスは、Sec.014で触れたLendingClubのようなP2Pレンディングです。海外では、借り手、貸し手ともに個人が中心となっていますが、国内では借り手は中小企業、貸し手は個人が中心となります。そのしくみは、投資を融資に変換したユニークなもので、借り手が融資申請を行うと、P2Pレンディング企業がインターネット上にファンドを設置します。そこに集められた複数の借り手からの投資が融資に充てられ、返済金がリターンとして分配されるしくみです。P2Pレンディングは、借り手にとっては銀行よりも使い勝手がよく、かつ低金利の融資を望めるメリットがあり、一方の貸し手にとっては預貯金よりも利回りが高いことから新たな資産運用法として注目を集めています。

　もう1つの**EC企業による融資**は、EC企業が自社ECサイトに出店している事業者を対象に融資を行うものです。与信審査に特徴があり、担保や事業計画書で融資可否を決めるのではなく、ECサイト上での「売り上げ推移」や「取引履歴」、「店舗評価」などが判断材料になります。事業者にとっては、ECモール上の開業支援を受けることができ、またEC企業にとっては自社EC事業の拡大を狙うことができます。2014年にAmazonジャパンが、2015年には楽天が参入し、大きな話題となりました。

多様化を見せる貸付型と大企業参入のEC融資

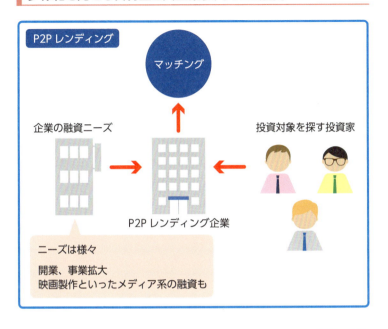

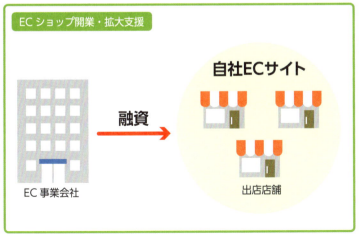

▲フィンテック融資はP2Pレンディングが知られているが、昨今はEC事業会社が出店店舗に融資を行うスタイルも話題になっている。

045

フィンテック融資のメリットを知る

フィンテック融資はなぜ注目されるのか？

　貸付型クラウドファンディングことP2Pレンディングには、どのようなメリットがあるのか見ていきましょう。

　比較対象として、企業にとっての銀行の融資モデルのデメリットを分析してみると、「融資を得るには創立年数が必要」、「少額の融資では対応してくれない」、「担保となる自社ビルは建設中で担保にならない」など、融資を求める企業の安定性や収益状況とは無関係のところで融資対象から外されてしまうということがありました。こうしたデメリットをなくした融資サービスが、P2Pレンディングの大きな特徴です。審査基準はあるものの、**企業のステータスに応じて、柔軟な融資サービスが用意されている**マーケットとイメージしておくとわかりやすいかと思われます。

　また、銀行などの**金融機関の融資サービスに比べて金利が低い**のも大きな特徴です。P2Pレンディングは、「複数の借り手が提示する金利の中からもっとも金利が低い融資先を選べる」しくみなので、"高い金利の貸し手"には借り手がつきません。こういった環境から、自然と金利が下がり、結果、既存の融資サービスに比べて低金利が実現されるのです。

　「既存融資の対象外」である企業も融資を受けられる可能性があり、「低金利で返済可能」といえば、多くの企業が融資先として魅力を感じることでしょう。借り手側の信用や貸し手側の匿名性は、P2Pレンディングの運営企業によってしっかりと担保されているので、安全に利用することができます。

融資サービスの幅を広げたP2Pレンディング

▲創業まもない企業であっても融資を受けやすいのがP2Pレンディングだ。さらに、金利を低く提示する投資家から融資を望むこともできる。

046 今すぐ活用できる融資サービス4選

注目を浴びるさまざまなフィンテック融資サービス

　P2Pレンディングサービスで国内最大手となるのが、2007年に設立、2008年10月に日本で初めてサービスを提供した**maneo**（マネオ）です。中小企業に特化したサービスを提供していて、「不動産購入資金」や「開業までのつなぎ」、「店舗拡大」などのために融資が必要な企業向けのサービスを提供しています。

　融資に至るまでは、「申し込み」→「融資審査」→「エントリー」→「投資家とのマッチング」という流れで、複数の顧客の貸付債権で構成されるローンファンドを介して貸付・返済が行われています。maneoに登録し貸し手となった投資家は「借り手がどのような目的で融資を求めるのか」といった情報を確認でき、「売上金の安全性」や「計画月商」、「担保」などを検証して投資の可否を決めることができます。また、maneoには手数料無料や少額融資・投資、高い目標利回りといった、企業、投資家双方に魅力的なメリットがあり、これまでの融資（成立ローン額）は540億円、登録ユーザー数は約40,000人にも上っています。

　そのほか、P2Pレンディングではsbiグループが提供する**SBIソーシャルレンディング**、映画など不動産以外の融資を扱う**スマートエクイティ**、さらに、日本の投資家と海外の融資希望者をつなぐ**Crowdcredit**（クラウドクレジット）といったさまざまな特色を持つサービスがあります。投資家からのニーズに合わせてサービス内容が多様化するP2Pレンディングは、新たな資産運用法としても注目を集めています。

国内のP2Pレンディングサービス

● maneo
(https://www.maneo.jp/)
2008年からサービスを提供したP2Pレンディング最大手。

● SBIソーシャルレンディング
(https://www.sbi-sociallending.jp/)
SBIグループが提供するP2Pレンディング。

● スマートエクイティ
(https://smartequity.jp/)
不動産以外の融資にも注力している。

● Crowdcredit
(ttps://crowdcredit.jp/)
海外の融資ニーズと国内投資家をつなぐ。

▲近年で増加したP2Pレンディング企業。さまざまな特色を持つサービスが存在しており、今後の一層の成長が期待される。

047
会社で会計サービスを導入するには?

サーバーやソフトの導入なしでできる

　数年前からTVCMでも見かけるほど、高い浸透率を伺わせるクラウド会計サービスですが、まだ日本では日が浅いサービスのため、導入するか否か検討中という人も少なくないと思われます。

　クラウド会計サービスの最たる特徴は、**専用のソフトウェアを所有せずにサービスを利用できる**ことです。GmailやDropboxを使うような感覚で扱える会計ソフトと捉えておくと、イメージしやすいかと思います。パソコンやスマートフォンなど、利用する端末のOSに左右されず、かつ複数の端末から操作可能で、複数名で会計データを管理・共有できます。さらに、クラウドサービスならではの低コストも魅力的で、ほとんどのサービスが無料で導入できます。また利用シチュエーションに応じて機能を追加できる仕様になっているので、業務に応じて必要な機能だけをピックアップすることができます。

　また、クラウド会計が注目を集めている理由に、導入の手軽さが挙げられます。個人事業主や企業が会計ソフトを導入する際、イニシャルコストの検討は欠かせません。これを気軽に試せるというのは、非常に大きなメリットといえます。クラウド会計は、国内フィンテックの中でもとくに今後の成長が期待される分野であり、今後、ますますユーザーに最適化されたサービスが登場してくると予想されます。「freee」が先日確定申告書類の提出をオンラインで行えるサービスをスタートさせたように、従来の会計ソフトの枠に括れない利便性を、私たちに与えてくれることでしょう。

インターネット環境と端末があれば利用できるクラウド会計

サーバー不要＆ソフトウェア不要

コスト

既存会計ソフト ＞ クラウド会計

クラウド会計

インターネットにアクセスできる端末があればOK！

▲クラウドの利便性を活かしたクラウド会計は、その手軽さと多様化するビジネスシーンに対応する柔軟さでユーザーを獲得している。

048

クラウド会計のメリットを知る

クラウド会計は帳簿作成の自動化を実現

　インストール不要で端末を選ばないといった特徴のほか、クラウド会計には「金融機関の取引明細の自動反映」、「請求書作成・自動管理機能」、「複数人でデータ共有が可能」といったメリットがあります。

　利用金融機関の取引明細の自動反映は、連携している銀行やクレジットカード会社の明細を帳簿に自動転記してくれる機能で、クラウド会計が「取引日」、「収入・支出」、「取引先内容」などの情報を金融機関から取得し反映してくれます。従来、会計ソフトの帳簿づけではこれらの作業は目視と手入力によるものでした。しかし、日々の取引明細が自動転記されることで、その労力を省くことができますし、誤入力も防ぐことが可能です。クラウド会計最大のメリットといえるでしょう。

　請求書作成・自動管理機能は、請求書の発行や自動消し込みを行える機能です。たとえば、Aという会社にクラウド会計で請求書を作成・発行したのち、連携する銀行に入金があった場合、その状況をデータとして自動反映してくれます。複数の請求先がある場合にも請求漏れがなくなり、作成・管理業務の効率化もできるので、非常に便利な機能といえます。

　最後の**複数人でデータ共有が可能**は、同一のサービス上で、複数の人が会計情報の共有や管理・修正を行える機能です。社内メールやWebメールなどのアドレス登録でアカウントを追加することができ、権限設定も行えるので、テレワークでビジネスを行う企業にとってもメリットがあります。

クラウド会計の主要なメリットは3つ

▲煩雑な会計ソフトへの入力を自動化してくれ、複数名で編集・管理もできる大きなメリットを持つ。

049

今すぐ導入できる会計サービス5選

導入を検討したいクラウド会計のラインアップ

クラウド会計サービスを検討するなら、まず外せないのが **freee** です。クラウド会計という存在を世に広めたフロントランナーであり、すでにご存知の人も多いと思われます。会計の知識が少なくても直感的に操作できるインターフェースが特徴で、設立間もない企業やスタートアップの個人事業主などにも適したサービスとなっています。既存の会計ソフトからのデータ移行も無料でサポートしてくれるので、安心です。コストは個人向け月額980円〜、法人向け月額1,980円〜と、近年で登場したクラウド会計サービスの中では平均的な価格ですが、30日間の無料体験版もあり、手軽に利用することができます。

次に、freeeの双璧とされるのが、マネーフォワードの **MFクラウド会計/確定申告** です。freeeと比較してより多くの機能が搭載されているので、こちらは会計ソフト経験者向けのサービスといえるかもしれません。月間仕訳数の限定など機能の制約があるものの、完全に無料で利用できるプランもあり、とくに個人事業主からの支持を集めています。

そのほか、会計事務所へのコンサルティングを事業とするアックスコンサルティングの **ハイブリッド会計Crew**、クラウド会計の老舗パルプドビッツの **ネットde会計**、レシートや領収書など会計書類の入力代行を依頼できるメリービズの **Merry Biz** といったサービスがあります。このように多彩なサービスが存在し、会社の規模や事業内容に合わせてサービスを選べる時代となっています。

国内のクラウド会計サービス

- freee
(https://www.freee.co.jp/)
コマーシャルでもおなじみのクラウド会計サービス。初心者でも扱いやすいのが魅力。

- MFクラウド会計
(https://biz.moneyforward.com/)
マネーフォワードが提供するクラウド会計サービス。充実した機能でこだわり派のユーザーも多数獲得。

- ネットde会計
(https://www.netdekaikei.jp/)
業界を代表する老舗企業が提供するクラウド会計サービス。老舗ならではの機能が充実。

- Merry Biz
(https://merrybiz.jp/)
レシート・領収書入力代行に特化。経理にかかる労働力とコストを大幅に削減できると話題。

▲さまざまなサービスが提供されている国内クラウド会計。業務効率・コスト削減効果に応じて選ぶことができる。

050
個人の資産運用にフィンテックを活用するには?

専門家に任せるか? AIに任せるか?

　日本では資産運用という言葉にまだ実感が湧かないという人も少なくないでしょう。株や投資も、初心者には近寄りがたいイメージがあります。しかしフィンテックには、その間口を広げ、初めての資金運用や投資でもスムーズな運用を可能にしたサービスが存在します。

　新しい資産運用の方法である**ロボアドバイザー**は、Sec.018でも触れたように、AIを活用したファイナンシャルプランナーサービスです。個人でも手軽に資産運用をスタートできることからアメリカにおいて活況で、日本でも成長を続けています。サービスの最たる特徴は、スマートフォンがあれば利用でき、いくつかの質問に答えるだけで資産運用をスタートできるという点にあります。運用や株、投資にまつわるさまざまな知識を覚える必要はありません。本格的な資産運用を始めるためのきっかけにもなり、資産運用を身近なものにしたサービスであるといえるでしょう。

　またロボアドバイザーには、**少額の資産でラップ口座**が受けられるという特徴があります。ラップ口座は"投資一任運用"とも呼ばれる、運用から管理までを銀行や証券会社などの金融機関に任せるサービスです。従来は富裕層向けの資産運用法で、手軽に利用できるものではありませんでした。それが、AIが自動運用・管理を行うことで少額の資産から運用できるようになり、現在では、数万円代から利用できるサービスもあります。海外では、20代〜30代の若者が多いそうです。ライフプランに直結する資産運用の選択肢が増えるということは、非常に意義のあるものだといえます。

富裕層でなくともラップ口座が可能に!

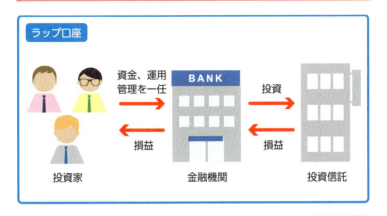

投資や資産運用を一任できるが
数千万円〜1億円以上の資産がないと利用できない

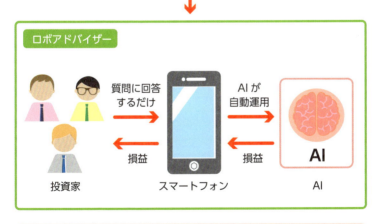

数万円台の資産からでも利用できる
利用もスマートフォンからと非常に手軽

▲ ラップ口座のコストを軒並み下げ、人を介さず投資一任型の資産運用を行うのがロボアドバイザーだ。

051
フィンテック資産運用の
メリットを知る

知識がなくても始められる資産運用

　すでに解説した「少額の資産から利用」、「スマートフォンで運用できる手軽さ」を除けば、ロボアドバイザーのメリットは**ポートフォリオのリバランス**に集約されます。

　ポートフォリオとは、年齢や現状の資産規模、投資へのリスクの許容度などの質問に対するユーザーの回答からAIが導き出した資産の組み合わせ（国際分散投資グラフ）のことです。そして、その組み合わせを維持するために定期的に資産を売買し調整することをリバランスと呼びます。なぜリバランスが必要かというと、表示されたポートフォリオはあくまでも"現時点"における「最適な資産配分比率」だからです。刻々と**変化する市場やユーザーのステータスに合わせ、AIはポートフォリオを調整**していきます。

　従来ポートフォリオの作成やリバランスは、ファイナンシャルアドバイザーなどの専門家に依頼するものでした。ロボアドバイザーは、AIやビッグデータ技術が得意とする「膨大なデータをもとに最適な判断を行う」能力を駆使することで、それらの仕事を担っています。ただし、資産運用においてプロの仕事をすべて再現しているというわけではありません。現在のロボアドバイザーは、ユーザーの負債や税金などを鑑みたポートフォリオ/リバランスは行うことができません。しかし、スマートフォンがあれば利用できること、導入・運用にかかるコストや最低資産額の低さ、そして煩雑な手続きや詳細なヒアリングが不要なことを鑑みれば、知識がない人でも安心して利用できる、非常に魅力的な資産運用ツールといえます。

覚えておくべきロボアドバイザーの特徴「リバランス」

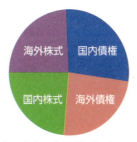

ロボアドバイザーが作成した
理想の国際分配投資ポートフォリオ

投資価値の変化

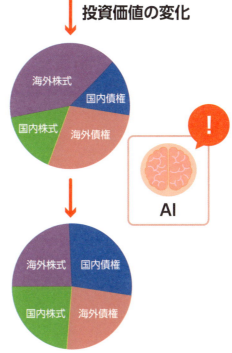

投資分配の構成比率を戻すのが『リバランス』

▲目先の利益ではなく、資産価値の変動に応じて各ユーザーに合った資産運用を行うのがロボアドバイザーのリバランスだ。

052
今すぐ利用できる
資産運用サービス5選

注目の国内ロボアドバイザーサービスはこれだ!

　ここでは、日本で利用できる主要なロボアドバイザーサービスの事例を見ていきたいと思います。

　現在もっともメジャーなロボアドバイザーといわれているのが、お金のデザインの **THEO**（テオ）です。2016年にサービスを開始したロボアドバイザーで、無料体験ユーザーは約20万人に登り、提供会社は複数の名だたる国内大手企業からの大型資金調達にも成功しています。THEOはポートフォリオ作成、売買による最適化・リバランスといった運用をすべて任せられる投資一任型ロボアドバイザーで、作成ポートフォリオは世界86カ国のETFから構成されています。10万円から運用でき、手続きはかんたんな9つの質問にスマートフォンから答えるだけ、手数料は資産額の1.0%に設定されています。そして、THEOと並び人気を集めているのが、ウェルスナビの **WealthNavi**（ウェルスナビ）です。THEOと同じく投資一任型で、手数料は1.0%、6つの質問に答えるところからスタートします。THEOとWealthNaviの違いは、まず運用資産額がWealthNaviでは100万円からのスタートという点です。また、作成ポートフォリオの内容も異なり、THEOが多数のETF銘柄を扱っているのに対し、WealthNaviは少ない数で定番のものを扱う傾向にあり、投資経験者のユーザーを獲得しているようです。

　そのほかのロボアドバイザーサービスでは、みずほ銀行の **SMART FOLIO**（スマートフォリオ）、マネックス証券の**マネラップ**、楽天の**楽ラップ**などがあります。

国内のロボアドバイザーサービス

● THEO
(https://theo.blue/)
初心者でもスタートしやすい内容で人気のロボアドバイザー。ETF銘柄の多さも魅力。

● WealthNavi
(https://www.wealthnavi.com/)
投資経験者のユーザーを多く獲得しているロボアドバイザー。厳選した低コストのETFを揃える。

● マネラップ
(https://info.monex.co.jp/msvlife/)
低コストのETFが投資対象。1万円から資産運用ができる。

● 楽ラップ
(https://wrap.rakuten-sec.co.jp/)
ETFではない投資信託が投資対象。10万円から利用できるため、初心者ユーザーも多数。

▲続々と登場する国内ロボアドバイザー。市場は成長期に突入しており、2020年には1兆円市場が見込まれる。

053
個人の家計をフィンテックで管理するには?

お金の動きが手に取るようにわかるPFM

　PFMは、国内フィンテックでも人気の分野です。さまざまな口座情報や日々の支出などをアプリで見える化してくれるため、日本では"家計簿アプリ"や"進化した家計簿"という名称で認知されています。しかし、同サービスはスマートフォンで家計簿を作るためのサービスではありません。「パーソナル・ファイナンシャル・マネジメント」というPFMの正式名称からわかるように、**個人の財務管理・運用支援を行うツール**なのです。

　PFMの導入は、通常のスマートフォンアプリのようにダウンロードするのみと手軽です。普段、家計簿に用いていたレシート入れやノート、筆記用具などは必要なく、すべてアプリ内で完結できるようになっています。使い方も、銀行やカード会社またはデポジットの情報、レシートなど、お金の支出がわかるものを用意してアプリと同期させるだけと非常にかんたんです。預貯金など金融情報の同期においても特別な手続きは不要で、インターネットバンキングなどで普段使用しているIDやパスワードを登録しておけば、自動で残高や支出が反映されるようになります。レシートも、スマートフォンのカメラで撮影すれば、アプリが自動で金額を読み取ってくれます。

　同じお金にまつわることでありながら、整理が非常に煩雑になりやすいのが家計管理ですが、PFMはそれらの情報を手軽にまとめることができます。そして、目に見えないお金の動きをグラフで一目瞭然にしてくれます。ほぼ無料で利用できるので、財務管理が初めてという場合でも、気軽に導入することができます。

家計はスマートフォンでらくらく管理

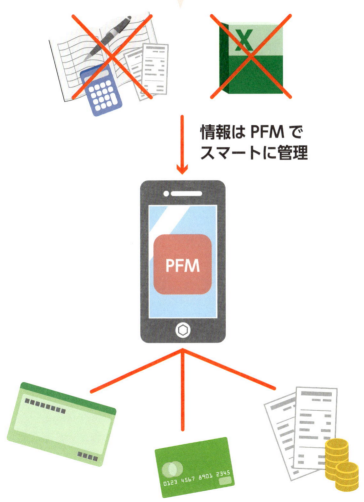

▲口座情報を自動取得して反映してくれるPFMアプリ。レシートも手軽に取り込め、スマートフォンがあれば家計管理がスマートにできる。

054
フィンテック家計簿の
メリットを知る

PFMの真価とは何か？

　銀行の預金や支払い状況、またクレジットカードの引き落とし、生活費や交際費に家賃など、月々のお金の動きを管理するのは至難の技です。忙しいビジネスパーソンにとって、家計の管理ほど縁遠い存在はないかもしれません。そこに彗星の如く現れたのが、**PFM**でした。スマートフォンから、自分の預貯金や支出をすべて見ることができ、お金の流れを自動反映してくれるこのサービスはまさに画期的で、家計簿を付けたことがないという人でも魅力を感じると思います。

　ただし、PFMが"便利なだけ"の存在かというと、少し異なります。家計を一元化し、見える化してくれますが、運用には入力作業やレシート情報取得のためのカメラ撮影など、少なからず日々の労力が発生します。家計簿と比べれば確かに便利なサービスですが、記録の継続が求められることに変わりはありません。当然、PFMを使っていても途中で記録をやめてしまう人もいることでしょう。

　では、PFMの最たるメリットとは何か？　といえば、それは**お金はライフイベントに欠かせないもの**という認識を持てるということです。日々の支出をグラフで見える化してくれるだけでなく、PFMにはユーザーの預金や年金、不動産や投資信託などからポートフォリオを作成してくれる機能もあり、自分の資産の推移も一目で確認することが可能です。そこから、結婚、自宅や車の購入、また老後など、人生の大きな転機になるイベントの計画を立てていく。それこそがPFMが本来の目的とするところであり、よりよい生活を実現するための資産管理ツールたる由縁なのです。

見えないお金の動きを見える化するPFM

▲お金がいくらあって、いくら使ったかの把握はなかなか難しい。複数の口座を持つとさらに困難になる。PFMアプリはその課題を軽々とクリアし、ユーザーの将来設計に貢献する。

055

今すぐ利用できる
家計簿サービス5選

操作性で選ぶか？　機能で選ぶか？

　ここでは、ビジネスパーソンにもおすすめのPFMを紹介していきましょう。

　まず**マネーフォワード**は、PFMの草分け的な存在として知られており、ユーザーは400万人以上に上ります。その魅力はデータの自動取得が可能な金融機関の多さで、2,580以上の金融機関などと提携しています。また、Sec.049で紹介した「MFクラウド」との連携や、コンサル・データバックアップ・ライフプランシミュレータなど、さまざまなニーズに対応する有料プランが充実しているのも魅力といえます。

　次に、現在最大の人気を獲得しているPFMが**Zaim**（ザイム）です。ユーザー数はマネーフォワードを凌ぎ、業界トップシェアを誇っています。機能にさほどの違いはありませんが、あえて差をつけるとすれば、UI・UXが優れているという声が多いようです。

　そのほかに人気のPFMとしては、マネーツリーの**Moneytree**（マネーツリー）、スマートアイデアの**おカネレコ**、大日本印刷の**レシーピ**などがあります。Moneytreeはその機能性に定評があり、入出金明細を閲覧できる「一生通帳」という機能は、みずほ銀行が提供する「みずほダイレクトアプリ」にも実装されています。おカネレコはシンプルなデザインとわかりやすいUIでユーザーを獲得し、無理なく続けられるといった評価があります。レシーピは、レシート情報取得の際に食材のデータがあると自動でレシピを知らせてくれるという、ユニークな機能を搭載しています。

国内の人気家計簿サービス

● マネーフォワード
(https://moneyforward.com/)
銀行口座などの情報を自動で取得・反映。PFMの立役者的存在。

● Zaim
(https://zaim.net/)
600万人のユーザー数を誇る業界トップのPFM。家計簿の知識がなくても直感的に操作できる。

● Moneytree
(https://moneytree.jp/)
入門編といったカジュアルな使い方もできる。機能性に特色がある。

● おカネレコ
(http://okane-reco.com/)
シンプルで飽きのこないデザインと操作性が魅力。エクセル連携機能で本格的な家計管理も可能。

▲PFMもさまざまに選べる時代になった。それぞれに特色があり、無料で使えるので自分に合ったアプリをじっくりと見つけたい。

056
個人で仮想通貨を購入・取引するには?

仮想通貨を購入・取引するのは意外にかんたん!

　第2章で紹介したビットコインを含む仮想通貨は、いったいどうすれば所有することができるのでしょうか。物理的な通貨ではないので、見当がつかないという人も少なくないと思います。ここでは、仮想通貨の購入方法を見ていきましょう。

　仮想通貨には数え切れないほどの種類がありますが、ここでは代表的な購入・取引方法を紹介します。まず、購入のために必要なのが「口座」を持つことです。といっても銀行口座のような手続きは不要で、各仮想通貨の仲介業者である**取引所**にアクセスすれば手軽に開設できます。マイナンバーの申請が必要な場合もありますが、アカウント登録はメールアドレスやSNS認証で作成できるので、極めてスムーズです。**口座が開設できれば、あとは銀行振込やコンビニ決済、クレジットカードなどで仮想通貨を購入することができます。**

　所有した仮想通貨は、何に使っても自由です。仮想通貨対応のショップで商品を購入したり、円やドルに換金したりすることもできます。また、株や金などと同じように投資目的で利用することもでき、ここが仮想通貨の大きな魅力となっています。"稼ぐ方法"はいくつか存在しますが、中でもすぐに始められるのが取引所で行うトレードです。ビットコインを例にすれば、金や外貨、原油などの金融商品と比べても価格変動率が高く、魅力的な商品として知られています。トレード方法は既存の投資と同様で、高値であれば売り、低値であれば買い、キャピタルゲインを得ていきます。

仮想通貨の入手はかんたん！

STEP1「取引所を見つける」

「仮想通貨名 取引所」でキーワード検索すれば表示されるので、購入する取引所を探そう。

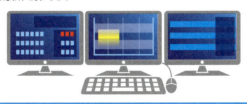

STEP2「口座開設」

取引所から専用口座を解説する。
銀行のように時間はかからず、
SNS認証も使えるので手軽だ。

STEP3「入手」

円やドルで購入する。
取引所により異なるが、クレジットカードや
コンビニ決済など複数の決済方法がある。

▲初めてだととっつきにくい印象があるかもしれないが、仮想通貨の入手はとてもかんたんだ。ネット環境があれば誰でも気軽に購入できるだろう。

057
今すぐ利用できるビットコイン事業者3選

日本にも複数あるビットコインの取引所

　世界最大のシェアを誇る仮想通貨であるビットコインは日本でも数多く取引されていて、国内には複数の取引所が存在しています。国内取引所で知名度を持つのが「bitFlyer（ビットフライヤー）」、「BTCBOX（ビーティーシーボックス）」、「bitbank（ビットバンク）」の3つです。

　bitFlyer は、2014年に設立され、これまでに GMO ペイメントゲートウェイやリクルート、三菱 UFJ キャピタルなど多数の企業から大型資金調達を受けている、現在もっとも勢いがある取引所です。ビットコインの販売だけではなく、かんたんにビットコインを送金できる決済サービス「bitWire（ビットワイヤー）」の提供や、ビットコイン版クラウドファンディング「fundFlyer（ファンドフライヤー）」の運営も行っています。

　BTCBOX は最古参の国内取引所で、手数料の低さと、ライトコインなどビットコイン以外にも複数の仮想通貨を扱っていることで、多くのユーザーを獲得しています。

　bitbank は bitFlyer のようにさまざまなサービスを行う取引所で、決済サービス「bitbank PAY」やビットコインにまつわるニュースを集めたサイト「BTCN」を運営しています。

　上記のほかにも数多くの取引所があり、またビットコイン決済に対応する国内の店舗は現在およそ4,200店舗にも上ります。この普及度を鑑みれば、今後も多くのビットコインが流通していくことが予想されます。

ビットコインの主要な取引所

●bitFlyer
(https://bitflyer.jp/)
ビットコイン取引量日本一を誇る取引所。ビットコインの情報発信も積極的に行う。

●BTCBOX
(https://www.btcbox.co.jp/)
国内老舗の取引所。ビットコイン以外にも複数の仮想通貨を扱う。

●bitbank
(https://bitcoinbank.co.jp/)
取引以外にも決済サービスやビットコインニュースサイトなどを提供。

▲国内にもビットコイン取引所は複数存在する。手続きに必要なフローは各取引所で若干異なるが、難しくはないので、好きな取引所を探そう。

Column

ビットコイン決済を店舗に導入する

　ビットコインは、着実に流通の裾野を広げています。最近では、投資目的ではなくショッピングに利用する国内ユーザーも増えています。また、国内企業の間でもビットコイン決済の導入が急速に増え、取引所「coincheck（コインチェック）」を運営するレジュプレスは、同社の決済システム「coincheck payment（コインチェック・ペイメント）」を1,138社（2016年2月時点）が導入したと発表しています。今後、国内流通の拡大が予測されますが、決済導入については、「難しそう」、「レート変動が不安」、という意見がまだ少なくないようです。しかし、coincheck paymentのしくみを見てみると、いかに多くのメリットを持つかがわかります。

　まず導入に必要なのは、iPhoneまたはiPad、そしてネット接続環境のみです。専用アプリをダウンロードし、メールアドレスとパスワードを登録すれば利用可能になります。気になる決済手数料は、クレジットカードが2～10％、銀行振込が0～648円と幅があるのに対し、すべての決済で1％と均一の手数料となっています。入金スピードも、決済から最短1時間後という速さです。もちろん、入金は円で行われるので、ビットコインを所有する必要はありません。さらに、ビットコイン決済後の送金にかかる10分間のレートは固定保証されるので、レート変動のリスクもありません。

　このように、新しい決済方法として多くの魅力を持つのがビットコイン決済です。日増しに増えるインバウンドニーズを睨んでも非常に有望だと思われるので、今後も導入は加速していくことでしょう。

Chapter 5
広がる可能性！FinTechの未来

058

フィンテックによって多様化する金融サービス

サービスの多様化により変革を求められる既存金融機関

　日本におけるフィンテックの浸透は、まだまだスタートしたばかりです。しかし、現時点でもすでに決済や融資などの分野に複数のプレーヤーが存在し注目を集めていることを見れば、近い将来に本格的な普及が予想されます。そして、国内フィンテックの普及は、既存金融機関のビジネスを大きく変えていくことでしょう。

　これまでの金融機関の変遷を消費者視点から紐解くと、大きなトピックスが3点あります。1つは、**インターネットバンキング普及、機能向上による来店者数の低下**です。残高照会や振込・振替などをWebから行うことができ、各店舗に赴く機会が減少しました。次に**スマートフォンでのサービス利用**です。スマートフォンなどのモバイル端末の普及で、アプリからバンキングサービスを利用できるようになり、金融サービスはアプリで利用するといった意識が消費者の中に芽生えました。そして最後が**モバイル端末による決済**です。銀行口座やクレジットカード情報が集約されたスマートフォンから決済を行える環境が整いつつあります。

　上記からもわかるように、消費者はより手軽で便利な金融サービスを求め、フィンテック企業はそれに応えてきました。しかし一方の金融機関にとって、そのようなサービスの存在は顧客との接点を失うことでもあり、ビジネスモデルの転換を迫られています。「便利かつ今までにない金融サービス体験」を追求するフィンテックは、多くのユーザーを魅了する一方で、金融業界に大きな変革をもたらしているのです。

フィンテックは利便性と変革を同時に及ぼす

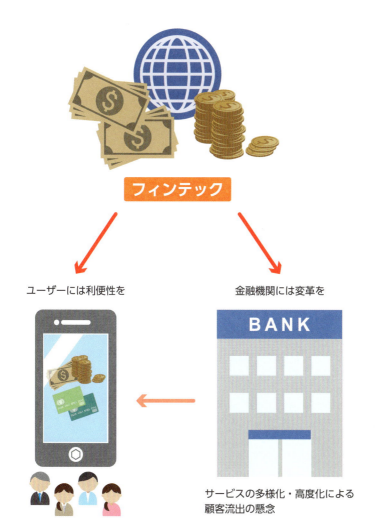

▲IT技術の進展、フィンテックの登場により、金融サービスは高度・多様化する。既存サービスに依存せず、ユーザーは自由にサービスを検討できるようになった。しかし、それゆえ既存金融機関は従来のビジネスモデルを検討せざるを得ない状況にある。

059
フィンテック企業に対する投資が急増している

フィンテック投資の波はついに日本にも

　フィンテックは巨大な富を生む一大市場となり、フィンテック関連企業への投資が世界で相次いでいます。グローバルの投資額の推移を見ると、**2014年には約100億ドル**だったものが翌年には倍増、その後も増加を続け、**2016年には過去最高となる約240億ドル**（約2.4兆円）にも上ったといいます。

　投資内訳では、フィンテック先進国であるアメリカが大半を占めていますが、欧州・アジアも順調に投資額を伸ばしています。一方で、日本国内におけるフィンテック投資はまだそれほどの規模ではありません。アクセンチュアによる調査では、2015年の投資額は約65億円で、これは中国の30分の1にあたり、アメリカの1%の規模にも満たないということです。

　しかし、国内投資が急増する兆しもあります。三井住友アセットマネジメントが2016年に設定した投資信託「グローバルAIファンド」の当初運用規模は700億円超であり、国内のフィンテック関連ベンチャーへ積極的に投資される可能性があります。また、2015年には楽天もフィンテック関連に投資を行う1億ドル規模のファンドを設立しました。加えて、IT企業VOYAGE GROUPはシリコンバレーの「SV FRONTIER（エスブイ・フロンティア）」と提携し、フィンテックに特化したファンド「SV-FINTECH」を立ち上げました。アメリカ、日本のフィンテックベンチャーを投資対象とした、20億円規模のファンド組成を目指しているといいます。国内ベンチャーの一条の光となることでしょう。

グローバルでのフィンテック投資比率

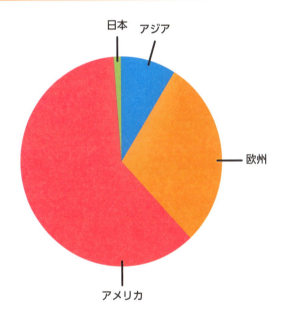

アメリカの投資総額「約122億ドル」
国内投資総額「約6億5,000万ドル」

* 出典：アクセンチュア「フィンテック、発展する市場環境」
(https://www.accenture.com/jp-ja/~/media/Accenture/jp-ja/
Documents/DotCom/Accenture-Fintech-Evolving-Landscape-jp.pdf)

▲国内フィンテック関連企業への投資はグローバル市場に比べて極めて低い。だが、投資環境の整備が進んでおり、今後、加速度的に拡大する可能性もある。

060
金融機関とベンチャーの橋渡しを担うITベンダー

ITベンダーが創る国内フィンテックの未来

　海外の既存金融機関はフィンテックを脅威と意識し、フィンテックサービスを自社に取り込むためのプロジェクトをスタートさせています。将来の提携や買収を目的に、スタートアップ企業を対象とした支援や育成プログラムの立ち上げを行っているのです。このような動向は日本においても注目されていますが、まだ本腰を入れた事例は多くありません。「金融関連の法制度の制約」や「フィンテック企業とのセキュリティへの考え方や開発スピードなどの相違」、「フィンテックをどう活用するか」といった課題があり、金融機関とフィンテックベンチャーの連携は容易ではないようです。

　しかし昨今、**金融機関とフィンテックベンチャーの間をITベンチャーやSIerが取り持とうとする動き**が広がっており、注目を集めています。2015年には富士通が金融機関とフィンテックベンチャーをビジネスマッチングさせる「Financial Innovation For Japan」を設立し、日本IBMも同年に「IBM Fintechプログラム」をスタートさせています。立ち上げ間もないフィンテックベンチャーとの連携を懸念する金融機関と、ビジネスチャンスを掴みたいフィンテックベンチャーの間に、**どちらにも"顔が利く"ITベンダーが入ることで、国内フィンテック市場の活性化が期待**されています。

　日本ならではの業界環境が壁となり、国内フィンテック市場はまだ本格的な成長期とはいえませんが、このようなITベンダーの取り組みが起爆剤となっていくのかもしれません。

ITベンダーがフィンテック環境の一端を担う

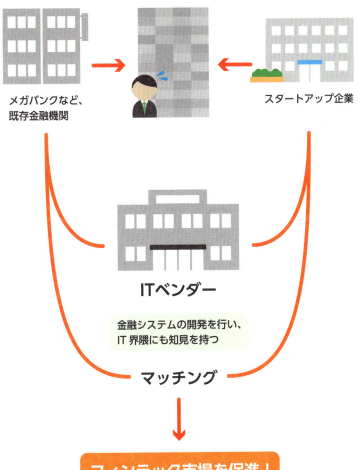

▲設立間もないスタートアップ企業と金融機関の連携はまだ課題が多い。その課題を考慮してITベンダーが両者の間に入り、フィンテック市場を促進させていく流れが生まれつつある。

061
日本の金融機関もフィンテックへの取り組みを強化

フィンテック本格到来をにらむ証券会社大手の対応

　フィンテックの波は、日本の金融機関をどのように変えていくのでしょうか？　ここでは、今まさに変革が始まっている大手証券会社3社「野村ホールディングス(以下野村HD)」、「大和証券」、「SMBC日興証券」の事例を紹介していきましょう。

　野村HDは、オープンイノベーションを見据えた技術協賛、ブロックチェーンの実証研究、フィンテック投資、業界コンソーシアムへの参加などを目的に、2015年4月「フィンテック委員会」を立ち上げました。その取り組みを一層強化させるため同年12月に「金融イノベーション推進支援室」を設置し、委員会と連携しながら新規事業創出や業務改革を実現するための環境構築を進めています。**大和証券**は、業務にAIを活用するべく2015年4月に「AI推進室」を立ち上げました。AIなどのIT技術を駆使したサービスの提案や、コールセンターの業務効率化を図るのが目的です。また、10月には本社のフィンテック戦略などを担う「先端IT戦略部」、さらに2016年4月にはグループ企業間で横断的にフィンテック戦略を進める「金融イノベーション連絡会」を設置しています。**SMBC日興証券**は、2016年3月に「ITイノベーション推進室」を設置しました。同社は2014年から「IT・ネットビジネス戦略検討会」を立ち上げ、情報収集やビジネスアイデアの検討を進めてきました。ITイノベーション推進室は、その取り組みを一層進展させるものです。

　このように、大手証券各社がフィンテックへの急速な対応を進めているのです。

証券会社大手各社がフィンテック市場を加速させる

野村HD

2015年4月、「フィンテック委員会」を設立。さらに同年12月には同委員会との連携を進める「金融イノベーション推進支援室」を設置

大和証券

2015年4月に「AI推進室」、同年10月には「先端IT戦略部」、2016年4月には「金融イノベーション連絡会」を設置

SMBC日興証券

2014年から「IT・ネットビジネス戦略検討会」を立ち上げ、その取り組みを進展させるため2016年3月に「ITイノベーション推進室」を設置

▲証券会社にとってもフィンテックの活用が急務となっている。ユーザーニーズを取り組むことが、ベンチャーに大きなビジネスチャンスを与える。

062
大手金融機関とフィンテックベンチャーとの協業が始まる

銀行×フィンテックベンチャーサービスの胎動

　フィンテックによる変革が顕著に見られるのは銀行です。前節で記した大手証券会社の取り組みのように、メガバンクにおいては**みずほフィナンシャルグループ**が「インキュベーションPT」、**三菱UFJフィナンシャルグループ**が「デジタルイノベーション推進部」、**三井住友フィナンシャルグループ**が「ITイノベーション推進部」と、いずれも2015年にITの活用を検討する専属部署を設置しています。また、それぞれがアクセレータプログラムやハッカソン、ビジネスコンテストを開催し、フィンテックベンチャーとの接点を持つことに積極的です。すでにみずほフィナンシャルグループはLINEやマネーフォワードと連携したサービスを提供しています。

　一方の地方銀行においても、フィンテックベンチャーとの提携や協業が急速に進んでいます。とくにPFM・クラウド会計ベンチャーとの提携は数多く、**静岡銀行**や**東邦銀行**などが金融顧客向けサービスの開発を目的にマネーフォワードと提携、**千葉銀行**や**北國銀行**などがクラウド会計サービスにおける連携のためfreeeと提携しています。また、**横浜銀行**はGMOペイメントゲートウェイと連携し、デビットカード機能をスマートフォンで利用できる「はまPay」というスマートフォン決済サービスのリリースを2017年3月に予定しています。

　さらに、産学連携のコンソーシアム結成や複数行による金融ITサービスの研究など、各銀行は取り組みを急ピッチで進めています。

活況な銀行とフィンテックベンチャーの協業

みずほFG

×LINE
「LINEでかんたん残高照会」
×Pepper「接客サービス」
× マネーフォワード
「経理業務自動化支援」

三菱UFJ FG

ビジネスコンテスト
「FinTech Challenge」開催

アクセラレータプログラム
「FinTech アクセラレータ」設立

三井住友FG

×GMO ペイメントゲートウェイ
「決済代行サービス提供会社」
設立

銀行APIを活用したハッカソン
「ミライハッカソン」開催

▲メガバンクはフィンテックの導入や、サービス提供の推進を積極的に行っている。中でもみずほFGは複数のサービスを提供している。地方銀行の取り組みも活発だ。

063
銀行法改正で日本のフィンテックは変わるのか？

改正銀行法で加速するフィンテック

　国内フィンテックの普及の足かせとなっていた日本の金融規制ですが、現在緩和が進んでいて、市場の拡大とサービスの普及に期待が寄せられています。

　2016年5月に成立した改正銀行法は、「仮想通貨」、「銀行の出資規制緩和」をテーマにしています。仮想通貨については、取引所など、**「仮想通貨の売買を行う事業者」に登録制を導入する**といったもので、取引におけるユーザーの保護やマネーロンダリング防止を鑑みた法案となっています。出資については、**銀行が企業に出資をしやすくする**ための法案で、議決権保有規制の緩和です。これまでは、出資による銀行の影響力が企業に及ばないよう、出資比率は5％と決められていましたが、今回の法案から金融庁の認可を要件とし、5％超の出資が可能となります。

　同法案によれば、出資対象となる企業は「情報通信技術その他の技術を活用した銀行業の高度化若しくは利用者の利便の向上に資すると見込まれる業務を営む会社」となりますが、これはいうなればフィンテック関連企業であり、フィンテックベンチャーが銀行から出資を受けやすくなるということです。海外では銀行から出資を受けてサービスを提供するというスタイルは珍しいことではなく、かつ銀行が買収するといったケースもあります。日本でもこうした事例が続々と誕生していけば、市場拡大の有効な一手を担うことでしょう。改正銀行法の施行が待たれますが、さらに2018年の国会には、資金決済法などの改正案も提出される見込みです。

改正銀行法成立でフィンテック市場はどうなる？

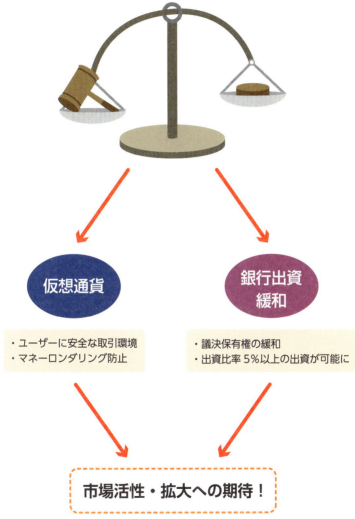

▲フィンテックの国内浸透に立ちはだかっていた法律の壁。それが今、少しずつ変化しようとしている。改正銀行法が施行されれば、市場に変化が訪れることは明らかだ。

064
みずほとソフトバンクがレンディングサービスを開始

フィンテックに対するソフトバンクの熱気

　ソフトバンクは、日本が世界に誇るテクノロジー企業です。人型ロボット Pepper をはじめ、AI やビッグデータを活用したサービスを数々提供しています。以前よりフィンテック分野に注目しており、これまで数多くのフィンテックベンチャーに出資しています。

　たとえば、2015 年にはアメリカの **Social Finance**（通称ソーファイ）へ総額 10 億ドルの出資を行っています。ソーファイはオンライン融資サービスの企業で、これまでの貸付実績は 60 億ドル以上と業界最大級の規模で知られています。また、日本でも 2016 年に **One Tap BUY**（ワン・タップ・バイ）という、スマートフォンからかんたんに株の売買を行え、1,000 円からという少額にも対応するオンライン証券サービスのフィンテックベンチャーに 10 億円の出資を行いました。加えて、日本でブロックチェーン技術のコンサルティング事業を行う**コンセンサス・ベイス**と、2016 年 1 月からブロックチェーンの共同研究に取り組んでいます。

　そして、話題を呼んだのが同年 9 月に発表されたみずほ銀行との合弁会社の設立です。専用アプリがユーザーの属性を自動で予備審査し、"この金利でどのくらいの融資が受けられる"という結果を知らせてくれます。そして融資を申し込むと、30 分以内に口座に入金される**スコア・レンディング**サービスが提供されるというものです。このしくみには、みずほ銀行のビッグデータと融資ノウハウ、ソフトバンクのビッグデータと AI 技術が活用されていて、両社の技術の融合により、新たな顧客を獲得する狙いがありそうです。

ソフトバンクのフィンテックへの動き

- アメリカのオンライン融資サービス会社「Social Finance」へ10億ドルを出資
- 日本のオンライン証券サービス会社「One Tap BUY」に10億円を出資
- ブロックチェーン関連会社とブロックチェーンの共同研究を開始
- みずほ銀行とレンディングサービス会社を設立

注目のみずほ銀行×ソフトバンク・フィンテック

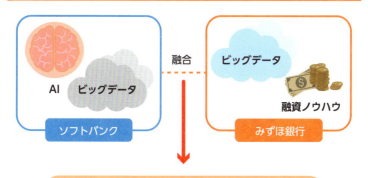

▲ソフトバンクのテクノロジーとみずほ銀行のノウハウの融合により、利便性が高く、広範囲の顧客を対象とするレンディングサービスが誕生する。

065
ソフトバンクが提供する個人向け投資管理サービス「One Tap BUY」

誰でも株取引ができるスマートフォン証券サービス

　ここでは、前節で記した"スマートフォン証券サービス"One Tap BUYのサービスをもう少し詳しく紹介しましょう。

　One Tap BUYは、初心者にとって難しいイメージのある株取引を、たった数タップで行えるという画期的なアプリサービスです。スマートフォンにアプリを入れれば準備は完了で、利用するためにはまず口座を開設します。画面案内に従って個人情報を入力し開設申請を行うと後日、口座開設の書留が届きます。口座に資金を入れておき、アプリを立ち上げれば、**すぐに株取引**を始めることができます。デザインや操作性も非常に優れていて、取引未経験者であっても直感的に扱うことができます。

　さらに魅力的なのが取り扱い銘柄で、FacebookやAmazon、Apple、Googleの親会社Alphabet（アルファベット）など、**世界を代表する有名企業の株を売買**できます。また、通常の株取引は単元という設定があり、100株や1,000株など最低購入株数が決められていますが、One Tap BUYには単元がなく、**1,000円単位で株購入**が可能です。

　手数料については、0.5%の株売買手数料と、1ドルあたり0.35円の為替交換手数料が発生します。この手数料にも特徴があり、One Tap BUYでは大口の株購入をした場合は他社に比べて手数料が高くなり、小口の購入であれば安くなります。つまり、小口取引の顧客を主な対象とした証券サービスであるということができます。

スマートフォンで始める株取引「One Tap BUY」

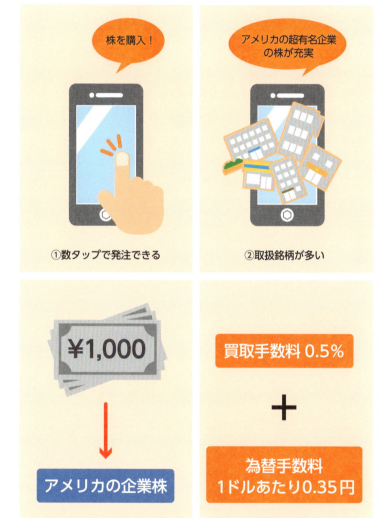

▲スマートフォンからFacebookやAmazonなどアメリカの超有名企業の株がいともかんたんに購入できるOne Tap BUY。単元がなく1,000円から取引できるのも魅力。

066
邦銀初!みずほ銀行が銀行APIを提供

銀行の行く先を左右するAPI提供

　2016年10月、国内フィンテック業界で待たれていた銀行のAPI提供が、みずほ銀行により始まりました。同行のBtoB向けインターネットバンキングサービス**「みずほビジネスWEB」上での提供で、クラウド会計ソフトのfreeeやマネーフォワードと連携**できます。APIは「サービスとサービス」を連結させるための技術です。APIの公開により、フィンテックベンチャーは銀行と深く結び付くことができます。

　では、なぜ今まで日本の銀行がAPIを提供しなかったかといえば、残高や入出金情報といった機密性の高い情報を銀行が外部に漏らすなど"ありえなかった"からです。しかし、フィンテックの登場により、金融サービスのプレーヤーは既存金融機関のみではなくなり、顧客ニーズはIT企業が提供するスマートフォンを利用したサービスにシフトしていく傾向にあります。そこから収益源と市場収縮の懸念が浮き彫りになった銀行がAPIの提供を検討し、取り組み始めたのです。つまり、APIはフィンテック企業にとってはサービスバリューを明確にできるビジネス上の一手であり、銀行にとってはフィンテックサービスと連携することで**新しいビジネスチャネルを得て、収益維持に活かす**策といえます。

　みずほ銀行の事例により、銀行によるAPI提供は今後も進んでいくと予想されています。その動向とともに、また新しいフィンテックサービスが続々と登場していくことでしょう。銀行×フィンテックベンチャーサービスの本格始動が、今始まろうとしています。

銀行×フィンテック本格始動!

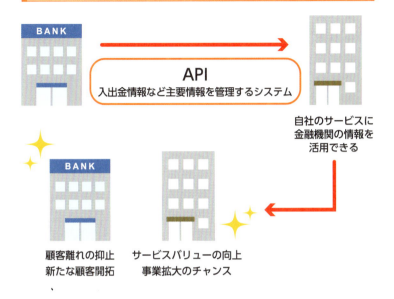

自社のサービスに
金融機関の情報を
活用できる

顧客離れの抑止　　サービスバリューの向上
新たな顧客開拓　　事業拡大のチャンス

●LINEでかんたん残高照会
（みずほ銀行）
(https://www.mizuhobank.co.jp/net_shoukai/line/index.html)

▲API公開により、フィンテックサービスと新たな連携が可能となり、ユーザーの利便性が向上する。みずほ銀行はfreeeやマネーフォワードとの連携のほか、「LINE」による残高照会サービスの提供を開始した。

067
フィンテックに特化した楽天の投資部門「Rakuten FinTech Fund」

大型ファンドを運営する楽天の狙い

Sec.059でも触れましたが、2015年11月より楽天は運用資産総額1億ドルの投資信託 **Rakuten FinTech Fund** を運用しています。その名からわかるように、フィンテックに特化した世界規模の投資信託であり、北米と欧州の優秀なスタートアップ企業や急成長企業にビジネスチャンスを与えるためのものです。

楽天はいち早くフィンテック投資を行ってきたEC企業でもあり、過去、中国のWePay（ウィペイ）やイギリスのCurrency Cloud（カレンシー・クラウド）などへの投資成功事例を持っています。すでにRakuten FinTech Fundは個人向け融資サービスなどを提供するドイツの「Kreditech（クレディテック）」に1,040万ドルを投資しています。

楽天の狙いは海外、とくに欧州で展開している**自社ECとフィンテックサービスの連携による新たなサービス体系**であり、ユーザーが大きな額の買い物をするときにKreditechのサービスを適用することを考えています。それが実現すれば、Kreditechにとって も EC網に自社サービスが連結されることでさらなるユーザーの囲い込みとサービスバリューの拡大を得ることができます。同社はすでに1億500万ドルもの資金調達に成功していて、Rakuten FinTech Fundの投資は少額といえます。しかし、上記のパートナーシップにおけるビジネス戦略を考えれば、大きな可能性を秘めた資金調達だったといえるでしょう。フィンテック投資は事業の相乗効果を探す環境の創出でもあるのです。

楽天が始めた1億ドル規模のファンド

『Rakuten FinTech Fund』

楽天は過去にフィンテック投資で成功
北米・欧州のスタートアップ企業が対象
投資は1億ドル

有望な
フィンテックベンチャーへ投資

楽天の海外EC ＋ **出資ベンチャー**

海外EC事業拡大へ

● Krebitech
https://www.kreditech.com/
2012年に創業したドイツのフィンテック企業。SNSやECサイトの履歴などビッグデータを利用し、融資審査を行う。

▲すでにRakuten FinTech Fundはドイツの「Kreditech」に出資している。欧州で展開する自社ECとのサービス連携が狙いだ。

068
3大メガバンクによる ブロックチェーンの実証実験

全銀システムの代替としてブロックチェーンを検討

　2016年11月にデロイトトーマツが発表した報告書の内容は、大きな話題を呼びました。3大メガバンクの**みずほフィナンシャルグループ、三井住友銀行、そして三菱UFJフィナンシャルグループが、ブロックチェーン技術の実証実験を行っている**というものです。

　その内容は、これまで銀行間の為替取引に用いられてきたデータ通信システム「全銀システム」をブロックチェーンが担うか否かといったものです。検証は全銀システムにつながる144行の利用を想定したシステムを構築し、行われた模様です。結果、従来の全銀システムのピーク稼動状態の取引数が1秒間に1,388件であるのに対し、1秒間に1,500件の取引を実行できたとのことです。報告書は、同実証実験の結果を、**ブロックチェーンは全銀システムに置き換わる可能性がある**と評価をしています。

　この実験には、もう1つ大きなトピックがあります。第4章Sec.057で紹介したビットコイン取引所であるbitFlyerが独自開発したブロックチェーン技術「miyabi」が実験に用いられたことです。通常ビットコインは送金から入金まで約10分の時間が必要でしたが、miyabiは「BFK」という独自のアルゴリズムを採用することで、取引スピードを効率化したのです。また「理（ことわり）」というスマートコントラクト環境から、安全な契約の自動化を実現しています。こうした特徴から全銀システムほか、シェアリングエコノミーサービスやマイナンバー、食品トレーサビリティなども適用対象としており、今後多分野での導入が期待されます。

ブロックチェーンに向けられたメガバンクの熱視線

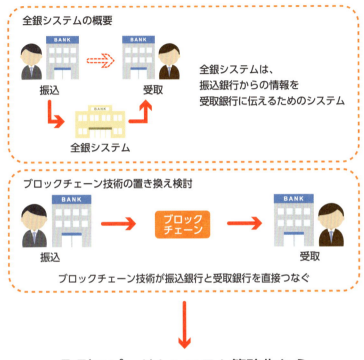

取引スピードとシステム簡略化から「置き換え可能性がある」と評価

全銀システム
ピーク稼働時の取引
1,388件／秒

ブロックチェーン
1,500件／秒

出典：「国内の銀行間振込業務におけるブロックチェーン技術の実証実験に係る報告書｜デロイトトーマツ」
(https://www2.deloitte.com/content/dam/Deloitte/jp/Documents/about-deloitte/news-releases/jp-nr-nr20161130-report.pdf)

▲ブロックチェーンの技術応用はさまざまに検討されているが、ついにメガバンクの実証実験が報告された。全銀システムの代替システムとしての可能性を示唆している。

069

FinTechの未来はどうなるのか？

ITの進展と消費者ニーズにより変貌を遂げる金融

　送金・決済、融資、PFM、ロボアドバイザー、会計、そして仮想通貨と多彩なカテゴリーを持つフィンテックですが、それらが社会に起こす変革はみな同じであるかのような印象を受けます。それは、**金融サービスのイメージに劇的変化を起こす**ことです。

　これまでの文中で取り上げてきたように、金融機関に代わってIT企業がさまざまな金融サービスを提供しています。そして、ユーザーのニーズも従来のサービスにはない新たな体験を求めるようになっています。この新たな体験とは、**いかに手軽で魅力的か**が問われるものであり、現在ではスマートフォンで利用できるサービスだといえます。これは、高度なIT技術を所有するIT企業の存在なくしては実現しなかったことであり、また今後の技術進展を考えれば、IT企業は金融業界においてますます大きな存在となり、サービスも変貌を遂げていくはずです。

　あらゆる金融サービスがアプリに集約され、IT企業が多くのユーザーを掴む未来、その時代の消費者が求めるのは一体どのようなものでしょうか。それは、たとえばSNS上で送金や決済が可能だったり、ECサイト上にPFM機能があるなど、もはや純粋な金融サービスの体を成していない可能性も考えられます。IT企業が提供するボーダレスなサービスのいち機能として金融サービスが組み込まれ、既存の金融機関はそのシステムを管理する裏手に回る。今後も加速していくであろう、「いかに手軽で魅力的か」というニーズを見れば、そう極端な話とはいえないのかもしれません。

フィンテックの未来にユーザーは何を望むのか？

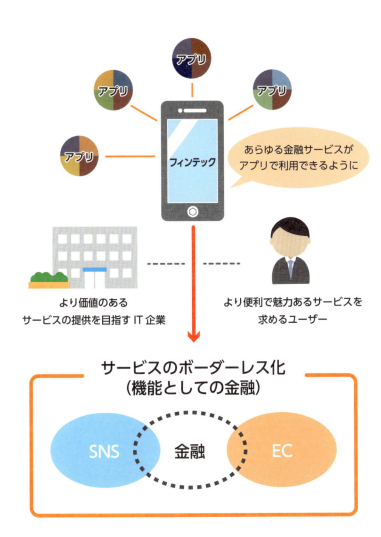

▲フィンテックにより金融サービスがスマートフォンで利用できるようになったことは大きな意味を持つ。今後SNSなどと連携し、金融が機能として取り込まれていく可能性も考え得る。

FinTech関連企業リスト

決済 **コイニー** URL http://coiney.com/	スマートフォンなどへのターミナル接続でカード決済が可能な「Coiney」を提供。従来の設備を導入しなくても決済環境を整えられる。導入実質0円、運用も決済手数料3.24%のみ。主要クレッジットカード会社7ブランドに対応。
決済 **ロイヤルゲート** URL http://www.paygate.ne.jp/	スマートフォンなどへのターミナル接続でカード決済できる「PAYGATE」を展開。接触・非接触ICカードほか、磁器ストライプにも対応。FeliCaなどにも対応し、電子マネー決済も可能。決済は分割払い、継続決済もできる。
決済 **リンク・プロセシング** URL https://www.linkprocessing.co.jp/anywhere/	決済サービス「Anywhere」のスマートフォン接続ターミナルは小型で重量も146g。初のJCCA認定サービスで高セキュリティ。決済機能とスマートフォンアプリの連携が可能。POSシステムなど既存システムとの連携も。
決済 **楽天** URL https://smartpay.rakuten.co.jp/	サービスを展開する「楽天ペイ」は、ターミナルを実質0円で導入できる。主要クレジットカード6ブランドに対応し、クレジットカード不要のアプリ決済も可能。決済の翌日に自動入金をしてくれる。
決済 **ラクーン** URL http://paid.jp/	請求業務などBtoBの掛売り業務代行サービス「Paid」を展開。取引先信用状況の調査などを無料で実施し、企業のみでなく、個人事業主との取引にも対応。BtoBサイトに掛売り決済を導入できるサービスも展開している。
決済 **Liquid** URL http://liquidinc.asia/	展開している指紋で本人認証を行う決済サービス「LIQUID Pay」は、専用端末、タブレット、専用アプリで構成される。専用端末をUSB経由でPOSレジに接続して利用。導入は無料〜、決済手数料1.0%と運用も手軽。
決済 **ウェブペイ** URL https://webpay.jp/	ECサイトなどを対象にした決済APIサービス「Webpay」を展開。決済機能を開発する開発者の労力を削減。国内で流通する5大ブランドのクレジットカードに対応。スタータープランは導入、運用ともに0円で利用可能。
送金 **JP Links** URL https://ssl.jplinks.com/	企業の振込業務の労力とコストを下げる送金サービス。導入コスト、運用コストともに0円で手軽に利用可能。振込手数料は送金件数や金額によらず一律260円。専用端末などは不要で社内のパソコンから操作可能。
送金 **Kyash** URL https://kyash.co/	国内初の前払式支払手段を活用した無料送金アプリ「Kyash」を展開。手数料や口座情報の登録は不要で、時間や場所に関係なく送金が可能。アカウント残高でさらに別の送金ができ、VISA加盟店での買い物も可能。
送金 **エムティーアイ** URL http://www.mti.co.jp/	2016年よりFinTech分野に参入、銀行を対象にした携帯番号×口座情報マッチングソリューションサービスを展開予定。Facebook友達認証や電話登録を活用し、相手の電話番号のみで送金が可能になる。

セキュリティ **CAPY** URL https://www.capy.me/jp/	不正ログインを防ぐ法人向け不正ログイン対策「Capy」製品群を展開。ASP方式の利用なので導入は手軽。スパムボットから守る「Capyアバターキャプチャ」は人間が扱いやすい画像認証ツール。
セキュリティ **バンクガード** URL http://www.bkguard.com/	ネットバンキングの不正送金を防ぐ新しいセキュリティ「スーパー乱数表」を展開。従来の乱数表と異なる方式でフィッシング攻撃を防ぐ。低コストかつハードやOSなどの依存なしに利用することができる。
融資 **maneo** URL https://www.maneo.jp/	トップシェアを誇るソーシャルレンディングサービス「maneo」を運用。少額からの短期投資が可能で、成約手数料や事務手数料は0円。投資商品は審査をクリアした事業性資金のみを取り扱っている。
融資 **SBIソーシャルレンディング** URL https://www.sbi-sociallending.jp/	ソーシャルレンディングを展開するSBIグループ。大手提供のサービスならではの安心感がある。不動産、証券など、さまざまな投資商品を扱い、商品別にファンドが分けられているので利用しやすい。
融資 **クラウドクレジット** URL https://crowdcredit.jp/	海外のローンを投資商品とするソーシャルレンディングを展開。従来の株やファンドとは異なる資産運用サービスで、国内では提供されていない投資商品に出会える。各国の業者と連携し安心感のあるサービス環境を構築。
融資 **AIP証券** URL https://smartequity.jp/	2015年からソーシャルレンディングをスタート。10万円からの少額投資が可能で、個人投資家に対してプロ向けや海外投資案件などを豊富に用意。著名な証券会社提供のサービスで安心感がある。
融資 **ミュージックセキュリティーズ** URL https://www.securite.jp/	「セキュリテ」は1口数万円からといった少額投資が可能。投資商品には事業会社や個人の企画商品が並ぶ。災害復興支援や地域創生などのファンドも。分配金以外にもさまざまな特典が用意されている。
融資 **エクスチェンジコーポレーション** URL https://www.aqush.jp/	展開する「AQUSH」は利回り率5.5%と高い利回り実績が魅力。5万円から口座の開設が可能。コストは貸付残高手数料の1.5%のみ(年換算)。海外投資やエコ投資などさまざまなファンドを提供している。
会計 **freee** URL https://www.freee.co.jp/	帳簿作成や請求書発行などの会計業務支援ソフト「freee」を展開。無料で試せ、ハードやOSに依存しないので導入が容易。さまざまな機能があり、入社手続きや勤怠管理も行える。個人事業主向けには確定申告作成機能も。
会計 **アックスコンサルティング** URL https://crew-hybrid.com/	提供する「ハイブリッド会計Crew」は会計・経理業務初心者でも扱いやすい。ダッシュボード機能が見やすく直感的にデータを把握。弥生会計をはじめ、連携できる会計システムが豊富。個人事業主の青色確定申告にも対応。

FinTech関連企業リスト

会計 **メリービズ** URL https://merrybiz.jp/	ユニークな経理入力支援サービス「Merry Biz」は、レシートや領収書を経理データ化してくれる。企業や個人事業主の経理作業労力を大幅に削減。プランも低料金に設定されているのでコストを圧縮できる。
会計 **パイプドビッツ** URL https://www.netdekaikei.jp/	導入無料、年間3,000円ほどで利用可能なクラウド会計「ネットde会計」を展開。作成データは税理士と共有可能でリアルタイム編集もできる。プランすべてにサポート機能があるのも魅力。
投資 **One Tap BUY** URL https://www.onetapbuy.co.jp/	1,000円から開始できるスマートフォン投資サービスを展開。マンガを用いた手続き案内で初心者にもわかりやすい。AmazonやFacebookなど著名企業の株を購入できる。1取引にかかるコストは最低5円で少額投資に最適。
資産管理 **お金のデザイン** URL https://theo.blue/	国内ロボットアドバイザーで預かり資産額No.1を誇る「THEO」を展開。10万円から運用でき、口座開設もスマートフォンからとかんたん。コストは預かり資産の1.0%（年率）のみとなっている。
資産管理 **ウェルスナビ** URL https://www.wealthnavi.com/	100万円から利用できるロボットアドバイザー「WealthNavi」。ノーベル賞受賞の理論を金融アルゴリズムに活用した。手数料は3,000万円まで年率1.0%。定額の積立投資を自動で行う自動積立機能がある。
資産管理 **MFS** URL http://mogecheck.jp/	住宅ローンの自動見直しを行う家計支援サービス「MOGE CHECK」を展開。チャット機能からコンサルタントに借り換え相談をすることができるほか、現在のローンが最適かのコンサルティングを無料で受けることもできる。
資産管理 **エイト証券** URL https://www.8securities.co.jp/	東証上場のETFで構築されたロボアドバイザー「クロエ」を展開。1万円と少額から資産運用が可能。将来の目的の設定からポートフォリオを自動作成。コストは年間ポートフォリオ評価額の0.88%のみとなっている。
家計 **マネーフォワード** URL https://moneyforward.com/	人気の家計簿アプリ「マネーフォワード」を提供。複数の口座情報の一元化、自動反映が可能。レシート情報をスマートフォンのカメラでデータ化できる。年金ネットと連携すると、将来の年金額がわかる機能も。
家計 **Zaim** URL https://zaim.net/	家計簿アプリでトップシェアを誇るアプリ「Zaim」を運営。シンプルなデザインと初心者でも扱えるUIが特徴。エクセルデータのインポート、エクスポートも可能。買い物に使うお店の特売情報を表示してくれる。
家計 **マネーツリー** URL https://moneytree.jp/	シンプル＆スマートで人気の家計簿アプリ「Moneytree」を提供。カード利用のポイントなども一元管理が可能。取引情報をAIが判別し、自動仕分け機能もあり。給料振込やカード引き落としを自動通知してくれる。

家計 **スマートアイデア** URL http://okane-reco.com/	入力がかんたんで初心者も継続しやすい家計簿アプリ「おカネレコ」を展開。金融機関との連携はなく、個人情報の登録も不要なので安心。スマートフォンの機種変更によるデータ保存・復元も容易（iOS）。
家計 **BearTail** URL https://www.drwallet.jp/	スマートフォンカメラで撮影したレシートをデータ化してくれる「Dr.Wallet」を提供。オペレーターによる手入力により高い表示精度を実現。銀行やクレジットカードなどの口座情報一元化も可能。
仮想通貨 **bitFlyer** URL https://bitflyer.jp/	取引量日本一を誇るビットコイン取引所。ビットコインが非常にかんたんに購入できる。アカウント作成もメールやFacebookアカウントで可能。ビットコインのほか、イーサリアム取引にも対応している。
仮想通貨 **BTCボックス** URL https://www.btcbox.co.jp/	安定したビットコイン取引実績を持つ取引所。売買の画面が見やすく、初心者でも取引しやすい。取引登録には2段階認証を設けており安心。ライトコインやドージコインの取引も行える。
仮想通貨 **レジュプレス** URL https://coincheck.com/	24時間いつでも取引が可能な取引所。登録や利用もかんたんで、初心者でも最短10分で購入できる。2段階認証、コールドストレージの堅牢セキュリティ。ビットコイン決済導入サービスも提供。
仮想通貨 **ビットバンク** URL https://www.bitbanktrade.jp/	あらゆる取引を365日24時間行える取引所。登録もメールアドレスとSMS認証のみと手軽。5万円までの振込やビットコイン入金は本人確認不要。国内のビットコイン取引所で唯一、追証を設けていない。
ブロックチェーン **コンセンサス・ベイス** URL http://www.consensus-base.com/service_company/	ブロックチェーン技術の開発や実証実験を行う企業。ブロックチェーン技術専業としては国内最古参。技術導入を検討する会社に向けたコンサルも実施。ブロックチェーン普及の啓蒙活動も行っている。
ブロックチェーン **orb** URL https://imagine-orb.com/	ブロックチェーンを活用したP2Pクラウドシステムを開発。独自の仮想通貨ネットワーク構築のためのサービス。ビットコインで10分要した認証を5秒で実現する。同技術による仮想通貨のインフラサービスの提供も。
ブロックチェーン **sendee** URL http://sendee.jp/	ブロックチェーンサービスの受託や開発を行う。大手企業のブロックチェーン案件も多数。真贋証明サービス「Chainfy」の提供を行っている。
ブロックチェーン **テックビューロ** URL http://mijin.io/ja/	さまざまな分野に応用できるブロックチェーン製品を提供。計算処理、決済、アセット管理などのインフラに最適。堅牢性や冗長化などが不要でコストを大幅に削減、ゼロダウンタイムを低コストで実現する。

60分でわかる！ FinTech フィンテック 最前線　**157**

Index

アルファベット

Acorns	46
AI	74, 76, 78
Alpha GO	74
Anywhere	98
API	82
Apple Pay	30
bitbank	126
bitFlyer	126
BTCBOX	126
Coiney	98
Crowdcredit	104
FinTech	8
freee	110
HFT	80
InsTech	60
ITベンダー	18, 134
Kabbage	38
Kickstarter	40
Kreditech	148
LendingClub	36
LINE Pay	30
maneo	104
Merry Biz	110
MFクラウド会計/確定申告	110
Mint	48
Moneytree	122
One Tap BUY	144
P2P	54
P2P送金	34
P2Pレンディング	36, 100
PAYGATE	98
PayPal	30
Pepper	74
PFM	48, 118, 122
PoW	58
Rakuten FinTech Fund	148
SBIソーシャルレンディング	104
Simple	50
SMART FOLIO	116
Social Finance	142
Square	32, 96
THEO	116
TransferWise	34
UX	88
Watson	90
Wealthfront	44
WealthNavi	116
Webスクレイピング	84
Xero	42
Xignite	82
Zaim	122

あ 行

アローヘッド	80
おカネレコ	122

か 行

カード決済	32
海外送金	34
改正銀行法	140
家計	14
家計簿	48
仮想通貨	14, 52, 124

既存金融機関	18
行政	18
銀行API	84, 146
クラウド	68
クラウド会計	42, 106, 110
クラウドファンディング	40
決済	14, 30
コンセンサス・ベイス	142

さ 行

財務管理	14
資産運用	14, 112, 114, 116
証券会社	136
シリコンバレー	10
スタートアップ企業	16
スマートエクイティ	104
スマートフォン	12, 64, 66
生体認証	86
全銀システム	150
送金	14
ソフトバンク	142

た 行

超高速株取引	80
投資	46
取引所	124

な・は 行

ネットde会計	110
ノード	56
ハイブリッド会計Crew	110

はまPay	138
ビッグデータ	70, 72
ビットコイン	52, 126
ビットコイン決済	128
フィンテック決済	92, 98
フィンテック投資	132
ブロックチェーン	58, 150

ま・や・ら 行

マイニング	56
マネーフォワード	122
マネラップ	116
みずほ銀行	142, 146
ミレニアル世代	12
ユーザーエクスペリエンス	88
融資	14, 36, 38
預金口座	50
楽天ペイ	98
楽ラップ	116
リーマン・ショック	10
レシーピ	122
ロボアドバイザー	44, 78, 112

159

■ 問い合わせについて

本書の内容に関するご質問は、下記の宛先までFAXまたは書面にてお送りください。
なお電話によるご質問、および本書に記載されている内容以外の事柄に関するご質問にはお答えできかねます。あらかじめご了承ください。

〒162-0846
東京都新宿区市谷左内町 21-13
株式会社技術評論社　書籍編集部
「60 分でわかる！　FinTech　フィンテック　最前線」質問係
FAX：03-3513-6167

※ ご質問の際に記載いただいた個人情報は、ご質問の返答以外の目的には使用いたしません。
　 また、ご質問の返答後は速やかに破棄させていただきます。

60分でわかる！　FinTech　フィンテック　最前線

2017 年 4 月 25 日　初版　第 1 刷発行
2018 年 1 月 20 日　初版　第 2 刷発行

著者	FinTech ビジネス研究会
発行者	片岡　巌
発行所	株式会社　技術評論社
	東京都新宿区市谷左内町 21-13
電話	03-3513-6150　販売促進部
	03-3513-6160　書籍編集部
編集	リンクアップ
担当	大和田　洋平
装丁	菊池　祐（株式会社ライラック）
本文デザイン・DTP	リンクアップ
製本／印刷	大日本印刷株式会社

定価はカバーに表示してあります。

本書の一部または全部を著作権法の定める範囲を超え、
無断で複写、複製、転載、テープ化、ファイルに落とすことを禁じます。

©2017　技術評論社

造本には細心の注意を払っておりますが、万一、乱丁（ページの乱れ）や落丁（ページの抜け）がございましたら、小社販売促進部までお送りください。送料小社負担にてお取り替えいたします。

ISBN978-4-7741-8880-5 C3055

Printed in Japan